ゆるく、自由に、そして有意義に

ストレスフリー・ツイッター術

渡辺由佳里

朝日出版社

目次

［応用編］

ツイッターや関連するアプリケーションはデザインが頻繁に変更されます。
本書ではなるべく最新の情報を収めるように心がけましたが、
変更により内容が一致しない場合があることをご承諾ください。――編集部

はじめに

日本に住んでいないのでよく分からないのですが、ネットに飛び交う情報から判断するとついに日本にも本格的なツイッターブームが到来したようです。いたるところでツイッターの話題に遭遇《そうぐう》します。そういった雰囲気に接したツイッター未経験者の反応は、次の3とおりではないかと思います。

①何やら騒いでいるが、どうせ一時的な流行。どうせすぐに飽《あ》きて別の新しいものについて騒ぎだすに違いない。無視、無視。
②私もすぐにやらねば取り残される。早速本を買いあさり、セミナーに申し込もう。
③興味がないわけではないが、正体がつかめないし、面倒そう。勉強しなければ使い

こなせないようなものなら、やりたくない。でも、やらなかったらビジネスのチャンスを逃すことになるかも……。

私はもともと①のタイプだったので、そう感じる方の気持ちがよく分かります。もし夫が「やれ、やれ」とうるさく言わなかったら、今でもそのままだったでしょう。

対照的に、私が絶対になれないのが②のタイプです。なんせ私は、仕事で翻訳しなければならなかった頃から、使用説明書が大の苦手で、活字中毒のくせに勉強のための読書になると数分で居眠りしてしまいます。

今振り返って我が身の幸運を実感するのは、ツイッターを始めたのがブームに火がつく前の2009年1月だったということです。米国でベストセラーになった"Twitter Power"（邦訳『「ツイッター」でビジネスが変わる！』ディスカヴァー・トゥエンティワン）も当時はまだ発売されておらず、私はツイッターがどんなものか、まるで知らないままに始めたのです。

現在出ている日本語ツイッター本のタイトルをざっと眺めると、「社会論」「世界を変える」「革命」「衝撃」「ビジネスが変わる」……など、ツイッターとはおそろしく影響力を持つSNS（ソーシャル・ネットワーキング・サービス、インターネット上での社会的な繋《つな》がりの構築）だという印象を受けますし、やたら難しそうです。そして、正直なところ、敷居が高そうだなとも感じます。

もしあの頃これらの本のタイトルを見ていたら、私はきっと「やらなくてはならないと分かっているけれど、やるのが面倒」という③のタイプになっていたことでしょう。

けれども、ツイッターというSNSは、本当はきわめてシンプルなコミュニケーション・ツールなのです。

私がツイッターを始めたのは、先に述べたように、「君が始めたブログの役に立つから」と夫にしつこく薦《すす》められたからです。

2007月に出版された“New Rules of Marketing and PR”（初版の邦訳名『マーケティングとPRの実践ネット戦略』日経BP社、原書改訂版は2010年刊）は、従来のマーケティングとPRの常識を覆《くつがえ》すソーシャルメディアを使った戦略を示し、世界的なベストセラーになりました。

私が洋書に関するブログを始めるきっかけになったのがこの本でした。というか、著者デイヴィッド・ミーアマン・スコット（David Meerman Scott）の影響を受けたというほうが正しいかもしれません。なにせ著者は私が過去20年以上顔をつき合わせてきた夫なので。

このような事情で早期からソーシャルメディアに馴染《なじ》んできたくせに、実際にそれを使うようになったのが最近なのは、私がテクノロジーに弱い「ローテク人間」だからです。

もともとやる気のないスタートだったので、ツイッターのアカウントを作っても、フォローしてくれたのは夫だけでした。どう使うのか見当がつかないのでそのまま放置していたら、ある日、何の前触れもなく、@ChetTheDogというアカウントが私をフォローしていました。

ニューヨークタイムズ紙のベストセラーリストに入った"Dog On It"（邦訳『ぼくの

名はチェット　名犬チェットと探偵バーニー1』東京創元社）の主人公、犬のチェット（Chet）があちらからフォローしてくれたのですから、私は天にも昇る心地でした。もちろん架空の犬がツイッターをしているわけはありません。著者のスペンサー・クインがチェットの声で日記を書いているのです。

とはいえ、「フォロワーとフォローしているのが夫と架空の犬だけ」というツイッターが面白いはずはありません。夫に向かって「今夜何食べたい？」とツイートしても、4万人もフォロワーがいる彼が、「昼はインド料理だったから和食がいい」と答えるわけにもゆきませんし、そういう目的で使うものでもないでしょう。

チェットのつぶやきはとっても可愛いのですが、彼に話しかけても小説の中に住む犬だから答えてはくれません（作者のスペンサーがメールで返事をしてくれますが）。

そこで、話しかけられるのを期待するのはやめて、情報を集めるために、米国の出版社と報道機関のツイッターアカウントを片っ端からフォローしてみました。

すると、これがやたら便利なのです。これまでネットサーフィンで得てきた情報を、TL（タイムライン、自分がフォローすることにした人たちのツイート〔短いメッセージ、つぶやき、投稿〕

が、時系列に従って、勝手に届けられ流れていく画面）を眺めているだけでどんどん得ることができるのです。

２００９年当時は、まだツイッターのユーザーが少ない頃だったので、大手出版社やベストセラー作家たちもフォローしてくれるようになりました。

情報を得るだけの受け身のツイッターでも満足していたのですが、夫の著作の邦訳出版をきっかけに著名ブロガーのいしたにまさきさんとNews2u.net（ニューズ・ツー・ユー）の平田大治さんのお二人に相互フォロー（私がフォローするだけでなく、お二人に私をフォローしていただく、すると、お二人は私の投稿のたびに受信してくださる、場合によってはその場で読んでくださる）をしていただき、ツイッターの景色が一変しました。

「お義理で」フォロー返し（ある方にフォローされた人が、その方をフォローすること）をしてくれた彼らが、日本のツイッター世界で知名度が高かったために、勘違いして私のアカウントまでフォローしてくれる人が現れたらしいのです。

こうして私のツイッターは英語オンリーの世界から日本語の世界へ、必要なことしか語らない利用法から好きな洋書の話や政治談義で盛り上がる楽しみの世界へと変化しました。

共通の趣味や専門分野で集まる「クラスタ」（花やブドウの房を指すことから、同好の士を意味する英語）なる存在を知ったのもこの時期です。「渡辺さんと私のクラスタは重ならないけれど」といった紹介のもとに、趣味が異なるグループの方々との出会いも生まれました。

オフィスも同僚もない孤独な仕事をしている私にとっては、ツイッターのお友達が休憩時間におしゃべりしてくれる同僚になってくれたのです。

私がツイッターを始めた頃はまだ日本でツイッターをしている人はそんなに多くなかったので、やりとりのペースも今ほど速くありませんでした。フォロー数が100程度しかない私のつぶやきは、1日に数回しかバスが来ない辺鄙《へんぴ》な村のような雰囲気でした。

その後、2009年春から夏にかけて元ライブドア社長の堀江貴文さん、勝間和代さん、広瀬香美さんといった有名人がツイッターに加わり、「堀江さんが始めたらしいよ」「本物?･」「とりあえずフォロー」といったつぶやきがTL（タイムライン）を飛び交いました。

新米ユーザーの勝間さんに古株たちが競って情報を提供し、瞬く間にベテランの風格を得た勝間さんが（私のようにローテクらしき）広瀬さんにツイッターの手ほどきをするコミカルな様子と、その感想を語り合うつぶやきがTLを埋め、新しいツイッターユーザーが爆発的に増えました。

ユーザーの全体数が増えたので私のフォロワー数も自然と増え、19ヶ月前に「夫と架空の犬」だけでスタートした私のアカウントは、ふと気付いてみると6500（2010年8月1日現在）のフォロワー数にまで膨《ふく》らんでいました。

まさに、村が一夜にして大都市になるような変化を体験したわけです。

ツイッターが村だった頃に始めた私や、多くの方が暖かい手を差しのべた勝間さん、そして勝間さんから個人レッスンを受けた広瀬さんは、あまり構えずにツイッターを始めることができたと思うのです。

けれども、大都会化した今のツイッター世界に普通の方が飛び込むのは気おくれするのではないかと思います。

とくに最近では「ビジネスセミナー」「ユーストリーム（Ustream）勉強会」といった勉強会が増えています。そんな雰囲気に対する「ツイッターを使えるように勉強すれば、ビジネスで効果を上げられる」という期待と、「こういうことまで学ばなければツイッターを仕事には使えないのか」というストレスは、私が始めたころには存在しなかったものです。

今ではツイッターに対する過剰な期待が膨らんでいると同時に、ストレスやトラブルも報道されるようになってきました。

「誰もフォローしてくれないからつまらない」とやめてしまうケースや「やりすぎて日常生活に支障をきたすようになった」という問題は英語圏でも耳にしますが、「返事をしなければならない」「フォロワーを増やさなければならない」というストレスで疲弊《ひへい》してしまうのは、真面目な日本人特有の悩みのような気がします。

世界の誰よりも先にＳＮＳの最先端を使いこなすことを生業《なりわい》としている夫を持つ私に、「ツイッター達人」を否定するつもりは毛頭ありません。使いこなせるのであれば、使いこなしたほうが世界は広がるでしょう。

けれども、私のようにローテクな人間でもツイッターと付き合ってゆくことはできます。また、この程度のレベルから入り、それからどんどんできることを増やすという方法があります。

これまでのツイッター本は、有名人やツイッターの達人が書いたものですが、彼らには「フォローしてくれる人がいなくて、何をしてよいのか分からない」という普通の人の悩みは想像しにくいのではないでしょうか。

そこで、ローテクの一般人の立場から、ゆるく、自由に、有意義にツイッターと付き合うための「ストレスフリー・ツイッター術」を書いてみました。

１章と２章は初心者のためのイントロダクションですが、３章以降は、ベテランの方にもお楽しみいただける内容です。ちょっとした発想の転換でツイッターとの付き合い方が変わるかもしれませんので、ぜひお試しください。

1章

ツイッターは異次元世界でのパーティ

ツイッターは、多くのツイッター本のタイトルから想像するような難しいものではありません。

規則は「140字以内でつぶやく」ことだけですから、誰にでも簡単にできます。簡単なゆえに利用方法が無限にあり、従って人々は「ツイッターとは何ぞや」、と問いかけるのです。

爆発的なブームが起きる前の日本語「ツイッター村」の住人にはSNS(ソーシャル・ネットワーキング・サービス)に詳しいITやネットマーケティング関係者が多く、毎日のように「ツイッターとは何ぞや」という議論が繰り広げられていました。

インドの有名な寓話「6人の盲人と象」のように、それぞれがあでもない、こうでもない、と意見を交わし合ったものです。

当時の人々がどのような結論を出しているかは知りませんが、私は「ツイッターとは異次元世界でのパーティ」と考えています。

なぜ異次元世界でのパーティなのか

現在（2010年4月発表の統計）1億人を超えるツイッター人口の約60％を占める本家の米国では、ツイッターをカクテルパーティに譬《たと》える人が多いようです。

ツイッターに集まった人々は、あちこちで、最近観た映画の話をしたり、アートの価値を論じたり、魅力的な異性の値踏みをしたり、子育ての悩みを語り合ったり、商談をしたり、最新情報を収集したり、人脈を作っています。

政治家が支持者や資金を集めようとしている姿も見られます。それらのグループの間を自由に行き来して、面白そうな話を見つければ（誰でも）飛び入りすることができます。

スターの周囲には多くの人が集まっているようですが、それらを遠くから眺めるだけで参加しない人もいます。熱い議論が口論に発展したりするのも、カクテルパーティの風景そのものです。

「ツイッターなんて時間の無駄」と決めつける人がいますが、例えばビジネスであれば、クライアントの接待、ネットワーキング（人脈作り）、市場調査、サポートグループの集まりやカウンセリング、コンサルティングを「時間の無駄」と考える人はいないでしょう。ビジネスを離れて、プライベートな場面でも、仕事の後に友人と会ってビールを飲むことや、子育て中の若いお母さんたちが公園で会っておしゃべりすることは、また明日からも頑張るエネルギーを得るために有意義です。

現実の世界でもツイッターの世界でも、広い意味での「交流」「社交」をうまく利用して有意義な時を過ごす人もいれば、時間の浪費にしかならない人もいます。ツイッターも現実社会のパーティ同様、利用者次第で価値が決まる交流の場なのです。

けれどもツイッターのカクテルパーティが、リアル（現実）世界のパーティと決定的に異なるのは次のようなところです。

▼自分からフォローしない限り、パーティ会場に誰がいるのかまったく見えない。言い換えれば、あなたが誰かをフォローするたびに、パーティ参加者が増えてゆく

どんなに素晴らしい会話が繰り広げられていても、どんなに素晴らしいビジネスの

チャンスが待ち受けていても、パーティ会場に来た（ツイッターに登録した）だけではそのチャンスが見えないのです。

▼フォローするとその人の会話が読めるようになるけれど、フォロー返し（自分がフォローした相手が、あなたをフォローしてくれること）をしてくれない限り、その人にとってあなたは「透明人間」のまま

フォロー数を増やしたけれど、フォロー返しされない状況は、リアル世界パーティの「壁の花」のようですね。初心者がよく経験する寂《さび》しさです。

▼あなたの会話を立ち聞きしている人の姿が見えない

リアル世界のパーティでは、あなたの会話に耳を傾けている人の姿が見えます。ところが、ツイッター世界では誰が会話を立ち聞きしているのかまったく分かりません。あなたをフォローしている方々だけでなく、その人たちがリツイート（後でご説明します）したものを読む場合、ある話題に興味を持ってツイートを辿ってきた人が読む

場合、キーワードで検索した人が読む場合、などツイッター世界の「立ち聞き」には、いろいろな場合が考えられます。

▼ツイッター世界では会場のあちこちに散らばっている会話グループに同時に参加できる

リアルパーティでは、会場の離れた場所で商談に有利になりそうな会話や興味を惹《ひ》かれる話題が繰り広げられていても、現在加わっている方との会話から抜けるわけにはゆきません。ですが、ツイッター世界のパーティであれば、同時にいくつもの会話グループに加わることができます。

▼ツイッター世界のパーティには、後からも参加することができる

リアル世界では、そのときその場にいないと会話に加わることはできません。ツイッターの醍醐味《だいごみ》はリアルタイムでの会話なのですが、後でその会話をまとめて読んで楽しむことができますし、その会話に遅れて加わることも可能です。

▼ツイッター世界のパーティでは、有名人に話しかけることができるし、（多くの場合）返事もしてもらえる

ツイッター独自の特長は有名人に話しかけやすいことです。

インターネット時代になってから、ネットにサイトを持つ俳優や人気作家は身近な存在になりました。けれども、いまだに直接その人に向けてEメールを書くのは気おくれするものです。たとえ勇気を振りしぼって書いても、多忙な彼らが返事をしてくれるのは稀なことです。

有名人と普通のファンの距離をぐっと縮めたのがツイッターです。話しかけるのも簡単ですし、返事をしてもらえる確率も高くなります。ファンにとって、これまでと最も異なるのは、有名人の会話を「立ち聞き」できることです。

「ツイッターには他人の会話を盗み聞きしているような後ろめたい感覚がつきまとう」という感想をよく耳にします。この感覚には一理ありますし、ファンにとってはそれが特権かもしれません。

こういったツイッター世界のパーティを想像すると、頭がくらくらするのではないでしょうか。ツイッターをやったことのない人にツイッターを説明するのは、三次元の住民に四次元の世界を説明するのと同じようなものかもしれません。ですから私はツイッターを「異次元世界でのパーティ」と呼ぶのです。

異次元世界パーティに出席する理由

『ツイッター――140文字が世界を変える』（コグレマサト＋いしたにまさき著、毎日コミュニケーションズ）で、いしたにまさきさんが、「ツイッターにはじめて触れた時、正直あまりその良さを理解していませんでした」と告白しておられるように、私も最初に始めたときには少々馬鹿にしていたところがありました。

140文字でつぶやく（ツイートする、さえずる）ことのどこが他のコミュニケーションより優れているのかまったく理解できませんでしたし、何に使えるのか想像もつきませんでした。

ですが、日本語と英語で19ヶ月間ツイッターを体験した今は、シンプルだからこそ使う人のクリエイティビティが活かせる素晴らしいツールだと実感しています。

ここでご紹介する以外にも可能性を沢山秘めているはずですが、いくつか私なりのツイッターの利用法を以下にご紹介します。

▼パーソナルブランディング（自分ブランディング）
趣味、特技、才能、性格などを含めた自分の全体像を明確に、魅力的に伝えるのがパーソナルブランディングです。自分の全体像を多くの人に受け入れてもらうことで、自社製品／音楽／書籍のファンを開拓できます。また、人脈を作ることができれば仕事を得ることも可能ですし、ツイッターのやりとりが、そのまま履歴書と面接をかねるのも特長的な機能です。

▼就職活動／雇用
日本ではまだ一般化していないようですが、米国ではツイッターを使った求人、雇

用が一般化してきています。ただし、これのみ、というわけではなく、多く利用しているツールのひとつです。

▼マーケティングとPR（広報）

企業がプロダクト（自社製品）のマーケティングやPRに利用するだけでなく、米国大統領府や軍隊、英国内閣事務局（Cabinet Office）なども広報活動にツイッターを利用するようになっています。

▼販売／宣伝

ワイン店がワインの情報提供とあわせて販売を行うなど、広く利用されている分野です。スーパーマーケットが特売品や新製品のお知らせなどもしています。

▼カスタマーサービス

自社の製品の苦情に注意を払い、即座に対応できます。逆に顧客の側から言えば、苦情や質問に迅速に対応してもらえます。Twitter Search（http://twittell.net/search.php）でキーワード検索すると、プロダクト（製品）について語っているつぶやきを知ることもできます。

▼オープンなファンクラブ

ファンにとっては有名人との距離が近くなる場所です。また、有名人にとっては既存のファンへのサービスと新しいファンの開拓ができます。

▼フィードバック

使い心地や感想を訊くなど、企業が自社製品について使えるだけでなく、個人が「これを教えて」とつぶやくことで多くの人からアドバイスを得ることができます。

▼市場調査、マーケティングリサーチ

定性調査（予備調査で抽出した少数の対象者を集めて、座談会形式で情報を集めるマーケティングリサーチの方法）に高額を費やさなくても、無料で広範囲の情報を集めることができます。

また、公式の調査とは別に、リアルタイムで市場の動向を実感できます。例えば、2009年8月30日の衆議院選挙前には、ツイッターは民主党と鳩山党首への期待で満ちていました。それが数ヶ月後に失望と不満のつぶやきばかりに変化してゆく様子が、ツイッターでの発言から生々しく伝わってきました。米国に住む私にとっては、ネットで日本の新聞記事を読むよりも変化を実感できた体験でした。

▼専門分野の情報収集

自分が専門とする分野のソートリーダー（thought leader：実践的先駆者）にあたる人をフォローすることで、常に最新情報に通じることができます。

▼最新情報の発信

ソートリーダー、またはそうありたいと願う人が、専門分野の知識や最新情報を発信しています。なぜ無料で情報を与えるのか疑問に思うかもしれませんが、これには、

PR、パーソナルブランディング、ファンクラブ、フィードバック、市場調査、人脈作りなど、多くの目的が含まれているのです。

▼最新情報の受信

新聞はもちろん、テレビよりも先にニュースを得ることができます。例えば、オバマ大統領がバイデン上院議員を副大統領候補として発表したとき、大手の報道局よりも先にツイッターのフォロワーに教えました。２００９年にカナダの文学賞 Giller Prize（ギラー賞）の受賞者を発表したのもツイッターが先で、公式サイトでの発表はそれより1時間以上後のことでした。地震が起きればどこかで誰かが「ゆれた」とつぶやきます。最も早い地震情報です。

▼報道／実況中継

２００９年6月はツイッターでのイラン抗議行動のリアルタイム報道とサポートが有名になった月でもありました。これ以外にも、災害や事件の場に偶然居合わせた素人（報道関係者以外の一般の人）がiPhoneとツイッターを利用して実況中継をすることが増えています。テレビで放映されていない（しばしばマイナーな）スポーツの実況中継も需要があります。

▼啓蒙《けいもう》運動

宗教、思想、健康管理など、多くの啓蒙・啓発活動に使われています。

▼政治広報

SNSを活用して支持層を広げたオバマ大統領にならって、多くの政治家がツイッターを始めました。米国ほどではありませんが、日本でも多くの政治家が利用しているようです。

▼ブログへのアクセスを増やす

ブログを更新するたびに、フォロワーに知らせます。それだけではアクセスは増えませんが、少し前にご説明したパーソナルブランディングとネットワーク作りに成功した後であれば有効です。ブログのＲＳＳのフィード（サイトの更新情報を配信すること）をツイッターに投稿できるサービス、Twitter Feed（http://twitterfeed.com/）などを利用している人もいます。

▼人脈作り／ネットワーキング

「１４０文字で深い人間関係や人脈作りができるわけはない」と決めつけることなかれ。１４０文字の積み重ねでその人の概要が把握できます。概要を把握したら、そこからＥメールでの交信、実際に会う、と関係を深めることができます。ツイッターは人を知る「きっかけ」を容易にするのです。

▼モチベーション

初期に私が知り合ったのがジョギングをするツイッターユーザーたちです。「これから走ります」「今日は雨、でもがんばる」「今日は15㎞」といったつぶやきに、「いってらっしゃい！」「ご苦労さま」と声をかけ合うだけでも、続けるモチベーションになります。他にもダイエットや英語検定について個人的につぶやくことで励みにする方法や、仲間を作って支え合う方法などがあるようです。

▼サポートグループ

幼い子どもを持つ母親、年老いた親を介護する子ども、特定の疾患《しっかん》に罹患《りかん》した患者、など共通の苦悩を抱える人たちが心理的に支え合い、役立つ情報交換をすることができます。

▼チャリティへの資金集め

まだ記憶に新しい2010年1月のハイチ地震の後に、ツイッターを利用したチャリティ募金が盛んになりました。ツイッターでは、少ない金額ではあっても多くの人から集めることができるのが特徴です。

▼グループ作り

これまでの方法では知り合うことができなかった、世界中の人々と趣味や仕事のグループを作ることができます。多くの場合、英語が共通語になっています。

▼創作発表（小説／詩／Haiku）

日本ではハッシュタグ（57ページ参照）を使ったツイッター小説（#twnovel）が有名になりましたが、外国でも早くからツイッターで小説や詩を発表している人がいます。英語のHaiku（俳句）コミュニティは早くからツイッターを利用してきました。

▼勉強／視野を広げるため

ツイッターのおかげで自分の専門分野以外のことを学べ、視野が広がる、という感想は少なくありません。語学の勉強に利用している人もいます。

▼仲間作り／支え合い

「これを目的に始めたわけではないのに、結局一番重要な部分になってしまった」という人が多いかもしれません。知らない相手だからこそ言いやすいことがあり、ツイッターのゆるい繋《つな》がりがそういった人間心理にぴったり合っているようです。

ツイッターは、使う人が自由に使い方を決めるSNSです。よく「こう使うべきだ」「その使い方はおかしい」と他のユーザーに指導したがる人がいますが、これまで誰も思いつかなかったような使い方を生み出す人こそ、ツイッター名人だと私は思っています。

異次元世界パーティで尊重されるのはパーソナリティ

ツイッターを始めたばかりの人にとって、有名人とフォロワー数が多い人はなんとなく偉くて近づきがたい気がするのではないでしょうか?

何万人にもフォローされている人だと、名前を知らなくても偉いのではないかと思い込む人もいるようです。

また後の章で詳しく説明しますが、フォロワー数は現実社会での名声や肩書きに相当する外見でしかありません。必ずしも当人の人品骨柄《じんぴんこつがら》やアカウントの質を反映しているものではないのです。

しばらくツイッターをしていると、実際は、「会話が面白い人」「役に立つ情報を流してくれる人」「援助してくれる人」などが人気者なのだと分かってきます。

こういう「人となり」をきちんと表面に出すのもパーソナルブランディング（自分の特性の表現・伝達）です。

ツイッターをビジネスで使う場合には、最新のテクニックを使いこなすよりこちらのほうがはるかに重要なのです。「ブランド」などというと、なんだか人工的にイメージを作り上げて売り込みをかけているような印象を与えるので困りますが、そうではなくて、ここでいうブランドとは、「自分をきちんと表明する」といった感じです。

例えば楽観的なユーモアのセンスに惹かれてフォローした方と何度か交信するうちに、まるで会ったことがあるような親しみを覚えてくることがあります。

その人がすすめる映画を観に行ったり、音楽をiTunesで購入したり、ワインをネットで注文したり、という購買行動をついとってしまうのは、ツイッターでのその人のブランドが魅力的だということです。知らぬ間に信頼を寄せている、とも言えます。

ツイッターの特徴は、リアルな世界では出会わないような異なる分野の人々が交流し、人と人との距離が近くフラットになることです。そのために現実社会での肩書きがあまり通用しなくなり、パーソナリティがさらに重要になるのです。

パーティでの心がけ

巷《ちまた》に溢《あふ》れる記事で一番違和感を覚えるのが、「ツイッターはストレスがたまる」といった問題の一般化です。

たしかにツイッターでいろいろな問題が発生しています。けれどもそれはツイッターだからではなく、トラブルの源を辿れば、ツイッターを使う人の性格やコミュニケーション技術に問題があるようです。

ブログも、Facebookも、ミクシィも、ツイッターも、コミュニケーションのためのツールでしかありません。ですから、ルール（心がけ）もリアル世界のコミュニケーションのそれとほぼ同じだと思います。

元来は短気で喧嘩《けんか》っ早い私ですが、日本で多くの職場を経験してやや丸くなったと思います。その頃の学びに米国に来てからの体験を加え、私はようやくこの歳になってコミュニケーションの原則がやや理解できるようになってきました。

過去10年間に、私は米国でさまざまな地域活動に従事してきました。例えば小学校の「反偏見委員会（Anti-Bias Committee）」、町の将来展望に沿った対策を行政委員に提言する「レキシントン2020ビジョン委員会（Lexington 2020 Vision Committee）」の「建設的な地域対話構築のための特別専門委員会（Forging Constructive Community Discourse Task Force）」、「人口動態特別専門委員会（Demographic Change Task Force）」、差別や偏見のない地域を育むための「ノー・プレイス・フォー・ヘイト（No Place For Hate）」、地域住民の相互理解を推進するための「レキシントン・コミュニティ・グループ（Lexington

CommUNITY Group)」などの委員を務めました。激しく対立するグループの間に立って何度も胃が痛くなる思いを経験して作り上げた、私なりのコミュニケーションの原則（ルール、心がけ、マナー）があります。

ご紹介するコミュニケーションの原則は、私自身がサバイバル（言うなれば、周囲と無用な摩擦を避け、率直に意見交換すること）のために使っている「パーティ出席のマナー」のようなものです。

ツイッターは自由なツールですから、ルールを他人に押し付けるつもりは毛頭ありません。また、ルールに従ってコミュニケーションをとってもトラブルを避けられるという保証もありません。

けれども、自分自身が納得できるルールを作っておくと、多くのトラブルは避けられますし、何よりも後で自己嫌悪に陥《おちい》ることが少なくなります。

▼相手が誰であれ、対等に、敬意を持って接する

有名人や地位の高い人には腰が低いのに、無名の一般の人間やフォロワー数の少ないユーザー（アカウント）に対して横柄《おうへい》な態度をとる人がいます。これは人としての基本的なマナーに反するだけでなく、仕事にも不利な態度です。というのは、一見「自分にとって何の価値もないように見える人」が実はカスタマー（顧客）だったり、カスタマーに影響力を持つ人かもしれないからです。

また覆面《ふくめん》でツイートしている（あるいは公式アカウントとは別に副アカウントを持っている）有名人もいます。あなたに語りかけている無名に見えるアカウントが、実はそんなひとりなのかもしれませんよ。

▼ツイッターを始めた目的が何であれ、それを相手に押し付けない

私はフォローしていただいたらなるべくフォローし返すようにしていますが、TL（タイムライン）が宣伝で埋まっているもの、思想や宗教の布教と思われるものはフォローしません。パーティでそういう人を避けるのと同じ理由です。

米国でも「ビジネスのためにツイッターを始めたのだから、宣伝しなければならない」と思いこんでいる方がいますが、パーティで初対面の方にいきなり「この製品、買ってください」と切り出す人はいませんよね。

また、みんなが楽しい会話をしている輪の中で、「自社の製品、自社の製品、自社の製品……」と言い続けたら、みな去って行ってしまうでしょう。これは、ビジネスだけでなく、政治家の方にも言えることかもしれません。

それよりも、まずは良い人間関係を築くことを重視しましょう。この信頼の基盤ができてこそ、ビジネスや政治について語るときに耳を傾けてもらえるのです。

▼反論や異論を述べるときには「あなた」ではなく「私」を主語にした文体にする

意見交換もツイッターの楽しい利用方法のひとつです。けれども自分の論点に固執するあまり、つぶやきが「あなたの考えは間違っている」「その視点はおかしい」といった口調になりがちです。

こう言われて嬉しい人はいないでしょう。人格そのものを否定されたような印象を受けますから。その代わりに「私はこう思います」「私はこのような見方をするのですが……」という風に語ると、受ける感じがすっかり変わります。

▼中傷《ちゅうしょう》、誹謗《ひぼう》はしない。また、そう取られる可能性がある表現を避ける

あなた自身が他人から言われて「中傷、誹謗」と感じる表現は、他人にとっても「中傷、誹謗」と考えて間違いないでしょう。自分が言われたくないことは、他人にも言うべきではないというのは、単純かつ普遍的なルールです。

▼相手の視点をまず、認める

反論するにしても、相手の視点を「なるほど、そういう視点もあるのですね」とまずは受け入れてみましょう。そこから、「しかし、私はこう思うのです」と述べるのです。相手の意見を尊重する姿勢を示すだけで、対話の雰囲気がすっかり変わることがよくあります。

▼たとえ自分のほうが正しいと思っても、しつこく相手を論破／説得しようとしない

誰にとっても普遍的な真実は「私が一番正しい」ということです。それぞれがそう信じているぶんには問題はないのですが、それを相手に押し付けようとすると軋轢《あつれき》が生じます。

論破されることで人が意見を変えることはまずないので、無駄な行為でもあります。また、相手が「まいった。降参！　あなたが正しい」と言うまでしつこく絡《から》むのはハラスメントです。たとえ論破したところで、それが仕事にも人間関係にも有益になることはまずありません。

▼他人の話に耳を傾ける

「自分のつぶやきを聞いて欲しい」「良いつぶやきだと認めて欲しい」、それはツイッターをしている全員に共通する欲求です（そうでなければツイッターを始めていないでしょう）。ツイッターをはじめSNSの場にやや不足しているのは、「他人の話に耳を傾ける」雰囲気です。この姿勢があるだけでも、あなたは十分コミュニケーション

の達人になれます。

▼自分なりのコーピングを用意しておく

心理学や心理療法の分野でよく使われる用語の「コーピング」とは、ひとことで説明するとストレス対処法です。

対人関係では、どんなに気をつけていてもトラブルが起こります。トラブルによって生じる心理ストレスに対して、あらかじめ自分に適した対応方法を決めておくと、いちいち悩むこともなく、トラブルが長続きせずにすみます。これについては、5章の「ストレスなしのツイッター」で詳しくお話しします。

▼ツイッターをする理由を自問する

ツイッターをする理由は人それぞれです。「宣伝」「情報収集」「市場調査」「人脈作り」「求職」といった仕事のための利用だけでなく、「寂しいから語り合う仲間を作りたい」というのも立派な目的です。目的を自問すると、ストレスを感じたときやトラブルが発生したとき、冷静に考える助けになります。

たぶん、「こんなことを守らなくても、私にはフォロワーは多いし、十分楽しくやっている」と反論する方はいらっしゃるでしょう。

でも、そういう方は、困ったことに本人がストレスを感じていないぶん周囲に倍以上のストレスを与えていることが多いのです。こんな方に遭遇《そうぐう》した場合の対応策についても、5章の「ストレスなしのツイッター」で詳しくお話しします。

次はいよいよ「ツイッターデビュー」です。

2章
ツイッターデビュー

最近時間が取れなくて不可能になりましたが、私はフォローしていただいた方のツイッターページ（ホームページ）を読んで、なるべくフォロー返しをするように心がけていました。

「フォローされたら、フォローを返すべき」と信じているわけではなく、多様な考え方を読むことが、日本に住んでいない私にとって「日本の今」を知るために役立つからです。

また、いつどこで、面白い人に出会うか分かりません。しかし、「多様」といっても、フォローをためらうアカウントがあります。

後の章で述べるような理由もあるのですが、先日遭遇《そうぐう》したアカウントは、あまりにもためらう条件が揃《そろ》っていて、（そのネガティブな吸引力に負けて）ついフォローしそうになったくらいです。こんな感じの出会いでした。

「初めまして。どうぞよろしくお願いします」という@付きのリプライ（私宛の直接のツイート）をいただいたので、その方のプロフィールページを見たところ、アイコンが最初の設定（デフォルト）の「卵マーク」（2010年9月までは鳥マーク）のままで、本名も自己紹介もなし。最初のページが「初心者です。初めまして。どうぞよろしくお願いします」と「フォローありがとうございます」で埋まっていました。

これでは、この方がどんな人だか皆目《かいもく》分かりません。偶然その日だけそうなのかもしれないので、念のために過去にまでさかのぼってみたところ、驚いたことにそれが延々と続くのです。自分の忙しさを忘れて、つい最初のページまで確認してしまいました。

動きの重いツイッターページに苛《いら》つきつつ10分以上費やした結果得たのが、「初心者」「フォローされると嬉しい」、そして「2000人もフォローしている」という情報だけなのですから、自発的にやったことだとはいえ、脱力してしまいました。

ツイッターで「おはよー」と挨拶を交わしている人は沢山います。けれども、それは人間関係があるからこそ意味があるのです。2000人に「初めまして」と挨拶をするエネルギーと時間があるなら、ツイッターなんかやっていないで、散歩に出かけて出会う人全員に「おはようございます。いい天気ですね」と挨拶をすればいいのに、と思うのです。

最初は変な人だと思われるでしょうが、そのうちツイッターより高い確率で挨拶が返ってきます。「日常生活で人付き合いが苦手だから、ネットの世界で人と触れたいんじゃないか」という人もいるでしょう。

冷たいことを言うようですが、そういう方はツイッター上の人間関係でもたぶん躓《つまず》きます。ツイッターは後にして、まず現実世界と折り合いをつける努力をしてみてください。

ここまで極端なケースでなくても、「始めてみたがどこが面白いのかわからん」とか、「使い方、まだわかりません」といったツイートが寂しく並んでいるアカウントに毎日のように遭遇します。

これはきっとなんらかの入門書を読んでそのマニュアルに几帳面《きちょうめん》に従った方か、あるいは何も読まずにいきなり始めたけれどやり方が摑《つか》めない方ではないでしょうか。

そこで、そういう方のために、ちょっと発想転換するだけで「繋《つな》がりやすく、ストレスが少なくなる」デビューのコツをご紹介しようと思います。

始める前に勉強するな

私が初めて運転免許を取得したのは米国に移住した35歳のときです。自動車教習所のインストラクターが迎えに来たので、助手席に行こうとしたら「おい、どこに行くんだ?」と呼び止めます。

彼が「こっちだろう」と指差したのはなんと運転席。慌《あわ》てて「私、ブレーキがどれでアクセルがどれかも知らないんですよ」と反論したら、「これがブレーキ、これがアクセル、さあ出発」といきなり普通の道を運転させられたのです。

ツイッターを始めたときも似たようなものです。先にお話ししたように、「ツイッター本」のたぐいがまだ出ていなかった2009年1月のことです。

夫に「一緒に登録してあげるから始めなさい」と言われ、「いつ?」と尋ねたら「今しか時間がないから今」とコンピューターの前に座らされて登録。その後は「やりながら覚えなさい」と突き放されました。

この8月でツイッター歴19ヶ月になった私ですが、今ツイッター本を読んでも、「なんていろいろあって難しいのだろう」と思います。私がこれらを読んでいたら、ツイッターなんか始めなかったことだけは間違いありません。

ですから、私はあえて「ツイッターを始める前に勉強するな」と提案します。私が運転を学んだときのように、「これがブレーキでこれがアクセル」程度の最小限の知識を得たら、とりあえずあまり交通量のない道を走って運転に慣れるのです。知識を増やすのは、慣れてからで十分ですし、それからのほうがずっと役に立ちます。

ここでは、始める前に必要最低限の知識だけをご紹介しますので、その道を極めたい方は、慣れてから多くの「達人本」を参考にしてください。

ツイッターを始める前に知っておきたい用語と使い方

▼基本的なツイッターの使い方

ツイート（Tweet）――つぶやき。140字以内で投稿するもの。ツイッターの基本中の基本。

リプライ（Reply）――その名のとおり「返信」ですが、話しかけられたときだけでなく、呼びかけや質問にも使えます。@＋アカウント名（@YukariWatanabeなど）の後にツイートする、つまり文章を書き込んで送信すると、そのアカウントを持つ人が読めます。

リツイート（Retweet, RT）――Re（再び、改めて）＋Tweet（ツイートする）という造語のとおり、他の人が投稿したツイートを、自分をフォローしてくれている人に送り直すことです。Eメールの転送のようなもので、転送する相手が、自分をフォロー（次の項参照）してくれている全員、と考えれば分かりやすいかも。

ウェブのツイッターページから行う「公式RT」と、後述する「ツイッタークライアント」を使った「非公式RT」があります。そのままRTする方法と、「引用」としてRTの前に自分の意見を加える方法がありますが、公式RTに自分の意見を加えることはできません。

ダイレクトメッセージ（Direct Message, DM）――自分をフォローしてくれている人には、その人にだけに読めるメッセージを送ることができます。ミニEメールのようなものです。お互いに送り合うためには、相互フォローの必要があります。

▼投稿以外の基本的な行動に関する用語

フォロー（follow）――「フォローする」を押して他のユーザーを登録すると、それらのユーザーのツイートを後述のタイムライン（TL）で読めるようになります。

フォローしている（following）――あなたがフォローしているユーザーとその数

フォローされている（followers）――あなたをフォローしているユーザーとその数

リスト（listed）――リスト（list）とは、読みやすいようにユーザーを分類する機能のことで、あなたのホームページに表示されている「リスト（listed）」は、あなたのアカウントをリストに入れてくれているアカウントの数です。後述する「ツイッタークライアント」とリストを利用すると、整理整頓ができて、見違えるように読みやすくなります。

アンフォロー／リムーブ（unfollow）――巷《ちまた》では「リムる」（「リムーブ」から発生した日本語独自の造語）とも呼ばれる行為で、いったんフォローした人のフォローを外すことです。

フォロー返し（follow back）――フォローしてくれたアカウントをフォローし返す

ことです。「リフォロー」と呼ぶ人がいますが、英語のRefollowは、自動的にフォロー返しなどを管理するアプリケーションのことですから混同しないように（http://www.refollow.com/refollow/index.html）。

ブロック（block）――アンフォローと混同してブロックしてしまう初心者がいるようですが、まったく異なります。ブロックをすると、相手はあなたをフォローできなくなり、ツイートが読めなくなります。

プロテクト（protect Tweet）――ツイートが公《おおやけ》の人に見えないように非公開にすること。ホームページ右上、自分のユーザー名をクリックし、「設定」の「ユーザー情報」、「ツイートプライバシー」で「ツイートを非公開にする」をクリックします。プロテクトされたユーザーをフォローするためには、リクエストをする必要があります。

▼知っておいたほうが良いテクニックと表現

タイムライン（Timeline, TL）――自分の投稿ページ（「いまどうしてる？」のページ）に載っている、自分と自分がフォローしている人のツイート一覧のことです。ときには、もっと広範囲にいろんな場面でのツイートの更新一覧のような意味でも使われます。

Mention（@関連）――他の人が「@＋あなたのアカウント名」でツイートしたものがここに表示されます。リプライと非公式RTがここに現れます（公式RTは現れません）。

ハッシュタグ（#, hashtag）――ツイートに「＃＋英字でのタグ名」を入力するとそのタグでのツイートのグループ化が可能になります。同じテーマで語り合うことが容易になる便利な機能です。「＃＋英字でのタグ名」の前後に半角スペースを入れる必要があります。例えば次のような使い方ができます。

私が寄稿している『今日から英語でTwitter』を抽選で3名様にプレゼントします。どう使いたいか、ひとことお知らせくださいね。ハッシュタグ #eigotwi をお忘れなく！

それに対する応募の例

短い文章でどのように効果的にメッセージを伝えられるかを学びたいし、できればツイッター仲間と分かち合いたいです。 #eigotwi

お気に入り（favorite）――巷では「ふぁぼる」とも呼ばれています。気に入ったツイートを「お気に入り」に登録することです。

ウェブを使う場合には、ツイートの下の☆マークをクリックし、後述のクライアントを使う場合にはそれぞれの方法に従います。後で読み直せるように自分のメモとして使うこともありますし、人気投票的な使い方もあります。多くの人がお気に入りに登録したツイートを「ふぁぼったー」（Favotter, http://favotter.net/）などのサイトで読むことができます。

ツイタークライアント――ツイッターを読みやすく整理整頓できるアプリケーション（ソフト）です。基本的に無料。ソフトやウェブ、iPhoneや携帯用などいろいろあります。コンピュータ用は現時点ではTweetDeck（http://www.tweetdeck.com/）と

HootSuite（http://hootsuite.com/）が代表的です。

英語が苦手な方は最初からHootSuiteに決め、使いながら別のものを探せば良いでしょう。現時点ではiPhone用ではEchofon、アンドロイド携帯、iPhoneやiPadで使えるSeesmic（http://seesmic.com/）などがあります

短縮URL——140字しか書けないツイッターに通常のURL（ウェブサイトの住所）を載せると、それだけで制限字数のほとんどを使ってしまいます。ツイッターの自動短縮と、クライアントの短縮機能などがあります。

将来役立つ基盤作り

私の夫は、世界各国で講演し、ビジネスリーダーや政治家をアドバイスする、マーケティングとPRの専門家です。その夫の指導に従ってアカウントを作った私が今振り返って感謝するのは、将来ツイッターでのコミュニケーションに役立つ基盤を作っていたことです。後で楽ができますから、いろいろなテクニックを学ぶよりも、この

基盤にじっくり時間をかけることをおすすめします。

ステップ1　アイデンティティを作る

最近「柴犬です」という自己紹介の方にフォローされました。平和顔の柴犬アイコンは可愛いのですが、それ以外にこの方のことを教えてくれる情報がありません。「まえがき」でご紹介したチェットのように、柴犬さんの視点でツイートしていらしたら、興味を抱いたかもしれません。または、柴犬の飼い主さんが、どういう方が分かれば、それも良かったでしょう。

でもこの方の自己紹介にはそれ以外の情報はありませんし、並んでいるのは普通の人間としての「……したなう」程度のツイートです。何をしているのか、何に興味があるのか、単にネットでは関わりたくないような「変な人」なのか、皆目見当がつきません。ですから、フォローは遠慮させていただきました。

これはパーソナルブランディング（自分ブランディング）の失敗例です。

初対面の場合には第一印象が大切ですが、ツイッターでそれに匹敵するのがこの自己紹介（Bio）が載っているツイッターのプロフィールページです。プロフィールページは、あなたのパーソナルブランディングの第一歩なのです。

パーソナルブランディングという用語を初めて耳にする方には誤解されそうですが、「他人に理解してもらいたい自分の特長・特性を明確に伝えること」、と考えると分かりやすいかもしれません。

私は最初から実名、顔出しです。ツイッターを始めて最初に考えたのが、仕事での利用だったためもありますが、もともと仮名のほうが「面倒くさい」と思うタイプなのです。

私は記憶力に欠陥があるので誰に何を言ったのかあまり覚えていません。ネットであれば20歳の独身美女になりすますことも可能ですが、たぶん「マーク・ボランが死んだのを知ったのが高校の授業中で……」なんて、すぐに歳がバレるツイートをするに決まっています。

最初から実名、顔出しで「50歳のちょっとおデブなおばさんです」と公開しておけば、実際に会う機会があったときに「なんだ、デブのおばさんじゃないか」と文句を言われずに済むわけです。それは実に気楽なものです。

ですが、ここで提言させていただくのは私の一案に過ぎません。ツイッターは自由な使い方が許されるSNSですから、なるほどと思う部分だけお使いください。

▼名前

「仕事上、どうしても本名を使うことができない」という方以外は、最初から本名を使うことをおすすめします。いろいろな人と会話を交わしているときに、辻褄《つじつま》を合わせる苦労がないからです。

企業に勤務している方にはいろいろ制限があると思いますが、米国では、IBMなどの大企業や軍隊までがツイッターをルール付きで推奨《すいしょう》しています。日本でも社員に推奨する会社があると思いますので、始める前に会社に方針を尋《たず》ねると良いかもしれません。

また、本名のほうがフォローしてもらいやすい、というのも事実です。有名人ならともかく、一般人には「本名だから損をする」ということはあまりないと思いますので、状況が許せばぜひ本名でデビューしましょう。

▼ユーザー名（Twitter ID）

私はまだ早期に始めましたのでYukariWatanabeという本名を獲得することができましたが、ツイッターが盛んになった現在は、あなたの本名がすでに誰かに使われている可能性があります。そこで、例えばYukariWatanabe1と名前に番号を加えたり、YW1960とイニシャルと生まれた年を組み合わせたりして、まだ使われていないものを探します。

ウケを狙《ねら》ったり、カタカナをそのままローマ字にしたりすると、海外のユーザーから誤解される場合もあるので気をつけましょう。

（例えば、タレントの布川敏和さんがオフィシャルブログでFuckn〔ふっくん〕と表示されていますが、Fuck'n〔ファッキング〕は米国では放送禁止用語です。エロ系スパムアカウントだと誤解される可能性もあり。）

また、最初は仕事で使うつもりがなくても、フォロワーがけっこう多くなった後で変更したくなって後悔する場合もあります。

一般的に、ツイッター利用者は視覚に訴えるアイコンでユーザーを見分ける傾向がありますので、アイコンを変更されると突然誰だか分からなくなることがあります。

そんなとき、覚えやすく、他のユーザーと見分けやすいIDだとまた見つけてもらえます。また、ユーザー名は、RTをするときに140字のカウントに含められてしまいますから、短いものが理想です。これは私が失敗から学んだことです。

▼アイコン（Avatar）

第一印象にあたるアイコンは、ツイッターのパーソナルブランディングで非常に重要です。フォローするかしないかを決める要素にもなっています。

①熟考したものを使う

最初の設定（デフォルト）の「卵」のままだと「どんな人か分からない」「初心者」という印象が強く、フォローしてもらえないことがあります。アイコンは簡単に変更できますが、アイコンで識別している人が多いので、途中で変更すると誰だか分からなくなってしまうことがあります。また、これまでのイメージが壊れてアンフォローされることも。フォローを始める前に自分が納得できるアイコンを決めたほうがいいでしょう。

②顔写真

顔写真を使っている在米日本人が「顔をさらしたいナルシストな人」と批判されたことがあるそうですが、米国で仕事をしている人の間ではこちらのほうが一般的なのです。私も顔写真を使っていますが、決して自分の顔に自信があるわけではありません。日本ではまだまだ抵抗があるようですが、「顔写真だと、その人が分かりやすく、フォローしやすい」という人も多くなっています。実際に、ナチュラルな笑顔や、工夫した芸術的な横顔など、個性が出ている人は思わずフォローしてしまいそうになります。

顔写真を使うときには、なるべくアップをどうぞ。綺麗な風景の中に立っている写真は素敵なのですが、TLのアイコンはとても小さいので、その他多くの風景と混じってしまうのです。アップといっても、運転免許証やパスポート用写真のような生真面目スタイルより、少し工夫すると印象が良くなります。

③他人の顔写真を使わない

ティーン映画の列に並ぶ高校生娘の姿をツイートしようとした夫に、「親だからといって無断で私の写真を使うな。人権無視だ」と娘が激怒したことがあります。「見知らぬ変質者につきまとわれたら、どうするの？　ネットは危険なんだよ」と諭《さと》された夫はかたなしでした。

そういった理由だけでなく、自分が発言するものですから、（有名人や子供の写真を含め）他人の写真を使うのは避けたほうが良いと私は思うのです。自分の写真を使いたくなければ、顔をイラストにしてくれるサービスはいかがでしょう？

ツイッターアイコンメーカー：http://twittericonmaker.com/

似顔絵イラストメーカー：http://illustmaker.abi-station.com/

④イラスト／アニメ

本業がイラストレーターや漫画家の方にとっては、これもパーソナルブランディングです。私がフォローしている多くのイラストレーターは、ご本人のイラストをアイコンにされています。

ですが、他人が描いたイラストやアニメは使用しないでいただきたいのです。イラストや漫画にも著作権があります。また取材で「アニメがアイコンの方はオタクのイメージがあるからフォローしない」と答えた方もいましたので、一応ご報告をしておきます。

⑤動物

日本では動物アイコンが人気です。動物好きは自分の好きな動物のアイコンに惹《ひ》かれてフォローし合うこともあります。問題は混同しやすいことです。私は、同じ動物のアイコンを使っている別人二人をあるときまでずっと同じ人物だと思っていたことがあります。ですから、動物の写真を使う場合には、前述の顔写真のようにユニークで印象に残るものにしましょう。

⑥避けたほうが良いアイコン

▼セクシーすぎる写真

初期に流行ったエロ系スパムと間違えられる可能性があります。真面目そうな職業なのに上半身裸の方がいて、フォローを返すかどうか悩んでしまったことがあります。素晴らしい肉体でも隠しておくほうが良いかもしれません。

▼有名なキャラクター／花／風景

誰が誰か分からなくなります。これも動物と同じように、似たアイコンの方を混同しがちです。アイコンは小さいので、まったく異なる風景でも色調が似ていると同じように見えてしまいます。

▼現在地

あまり細かい個人情報を載せる必要はありませんが、住んでいる場所で繋《つな》がる人も多いので、どの辺りに住んでいるのかだけでも記入することをおすすめします。

詳しく書く必要はなく、現在自分が住んでいる場所に一番近い都市（私の場合は米国ボストン）を使えば良いでしょう。東京とか京都程度の情報を公開しても特に困る事態は発生しないと思います。また、「宇宙」「地球」「ここ」などは、さほどウィットに富んでいるとは受け取ってもらえないのでご注意を。

▼ウェブ

現在ブログやウェブサイトを持っている方はそれを載せます。使ってゆくうちに人気ブログランキングより、ツイッターからの訪問のほうがはるかに多くなりますので、おおいに利用すべきです。

▼自己紹介（Bio）

アイコン以上に重要なのが、自己紹介です。「自己紹介がないアカウントはフォローしない」と宣言する方もいるほどですから、ここが勝負どころ。

ウケ狙《ねら》いも、そういう繋がりを求める人にはアピールすると思いますので否定できませんが、私が今回、取材で意見を伺った方々は、おしなべて相手がどんな人かよく分かる自己紹介を求めていました。

ツイートは140字までですが、自己紹介は160字までです。どちらにしてもそんなに長くないので、簡潔に自分を紹介する必要があります。多くの方の意見をまとめると、次のような情報が載っている自己紹介だとフォローするかどうか決めやすいようです。

- 職業（できれば具体的に勤務先）
- 仕事内容の説明（会社ではなく自分が担当している仕事の内容）
- 趣味（読書、スポーツ観戦、楽器演奏、ハイキング、ワイン、など）
- ツイッターで興味あること（政治経済のディスカッション、教育、子育ての悩みを分かち合いたい、など）
- 海外の人と交流したい場合にはその国の言語で短い自己紹介を付け加える

ユーモアのセンスを発揮する方もいらっしゃいますが、スキルがないと逆効果になるので要注意です。他にもユーモアのセンスを発揮する場はありますので、次のステップ2でご紹介します。

▼背景画像

ツイッターが提供しているテーマの中から選んでも構わないのですが、第一印象が肝心ですから、自己紹介の内容を反映している画像や自分らしさが現れている画像を背景に選びましょう。

これもアイコン同様に他人の作品を借りず自分のものを使うべきです。広い範囲の人々と交流したい場合には、一般的に好感を抱いてもらえる写真と色調を選ぶことをおすすめします。暗い背景やどぎつい色調、読みにくい色の文字は避けたほうが良いでしょう。

ステップ2　履歴書のつもりで20個ほどツイートをする

たいていの方は、「まず100人フォローしよう」といった指南書《しなんしょ》・ガイドブックのすすめに従って、ツイッターに登録するやいなやフォローすることから始めます。けれども、私はあえて、「フォローする前に20個ほどツイートをする」ことをおすすめします。

というのは、取材によると、フォローするかどうかを決める時に、人々が最も注意を払うのが、①自己紹介の内容、②アイコン、③フォロワー数／フォロー数、それに加えて、④ツイートの内容だからです。

自己紹介とアイコンが立派にできあがっていても、ツイートの内容がゼロだとフォローを返してくれる人が激減します。なぜかというと、あなたがどんなツイートをする人なのかまったく分からないからです。

また、フォローを返してくれる人がいないままいきなり100人をフォローした場合には、フォロー数100人に対してフォロワー数が0人になってしまい、ますますフォローしてもらえない悪循環に陥《おち》ってしまい、「ツイッターを始めたけれど、どこが面白いのか分からない」という状況になるのです。

フォローをしなくても他人のツイートを読むことはできますから、まずはフォローをせずにいろいろな人のツイートを読んで書き方のコツを学びましょう。

すると、ツイート投稿欄の上の「いまどうしてる？」(What's Happening?)」(以前は「いまなにしてる？」(What Are You Doing?)」でした) が少々馬鹿げた質問であることに気付きます。

「カレーなう」とつぶやいている人もいますが、有名人か知人でないかぎり読み手にとって意味のある情報ではないので、反応は返ってこないでしょう。

それよりも、見知らぬ人に伝えたいあなたの情報を20個ほどツイートしてみます。ひとつの話題だけが並ぶと敬遠されますし、あなたに多様な面があることを知っていただくためにも、なるべくバラエティあるツイートをします。

また、本音を語るのは良いことですが、すべてを愚痴や他人の批判で埋めつくすのは避けたほうが賢明です。むろん、そういう人を集めたいのであれば有効な戦略ですが。

私が考える「あなたがどんな人かを分かってもらえ、アピールできるツイート」とは以下のようなものです。

▼自己紹介で挙げた趣味や話題について熱意を込めて語る
読書が趣味であれば最近読んだ本の感想、スポーツ観戦が好きなら試合の分析、ガジェットが好きな人は最近話題になっている製品の評価など。

▼仕事について語る
エキサイティングな企画や、失敗、職場のできごとについて。読んだ人が質問したくなったり、「同感！」と答えたくなったりするような、パーソナリティを出したもの。

▼他の人と意見を交わしたい分野の話題
時事問題、芸術、音楽など、興味ある分野のトピックで、自分がどんな風に感じているかを書く。またそれらの分野で他の人の役に立つような情報を、なるべくソース（出典、参照できるＵＲＬなど）付きで載せる。

▼自分の心情を代弁してくれる名言、あるいは読んだ本の中から同感した文を抜粋

する

英語ですが、以前私がツイートして反応があったのは次のようなものです。

"Always forgive your enemies; nothing annoys them so much." by Oscar Wilde

「常に敵を許せ。それほど彼らを苛立たせるものはない」オスカー・ワイルド

▼他人のツイートの中から自分が同感したものをリツイートする

自分を代弁してくれているようなツイートや、自分が興味を抱いたニュース、情報を見たら、それをリツイート（RT）しましょう。簡単に自分の意見を加えてからリツイートすると、初めてページを読む人に自分がどんな人かを知らせるヒントになります。

ステップ3　つぶやきを読みやすい環境を作る

机の整理整頓では、最初からファイル、箱、スロット、などを作って仕分けておくと後で探し物をするときに便利です。それと同じように、ツイッターも最初から使いやすい環境を作っておきます。

▼ツイッター専用クライアントを利用する

ツイッターのホームページは、残念なことにあまり使いやすくはありません。フォローするアカウントの数が50を超えると、多くの人が加わる時間帯のTL（タイムライン）の流れが速すぎて読みにくくなります。

そこで、ほとんどのベテランユーザーたちが使っているのが、前述のツイッタークライアントです。新しいものが毎日のように誕生していますので、ここで詳しくご説明するよりも、まず代表的なクライアント（例えばHootSuite, http://hootsuite.com/）をおすすめします。

ツイッターに慣れ、交流する人が増えてきたら、iPhoneや携帯用を含め様々なクライアントについての最新の情報をツイッター上で簡単に得ることができます。ウェブで検索すると古い情報が出てきますが、1年前の情報はほぼ役に立ちません。リアルタイムの情報が得られるツイッターを利用することをおすすめします。

▼リスト、コラムを利用する

ツイッターの「リスト」とクライアントの「コラム」機能を利用すると、TLをすっきりと整理することができ、見違えるように読みやすくなります。クライアントにより異なるのですが、ここでは私がふだん使っているHootSuiteを例に説明します。

まず、ツイッターのホームページでリストをいくつか作ります。私は、それぞれのカテゴリーにBooklovers / News / Artistsといったタイトルを付けていますが、A、B、Cといった簡単な分け方をしている人もいます。TLをカテゴリーに分けて読みやすくする作業なので、自分にさえ分かれば何でもOKです。

HootSuiteの指示に従ってツイッターのリンクを繋げ、リストをコラムにするだけです。最初だけ難しく感じるかもしれませんが、すぐに慣れるでしょう。

「TweetDeck」ではツイッターのホームページでリストを作らなくてもコラムを作ることができるので、リストを作っていない人もけっこういます。

ステップ4　コアグループを作る

多くのツイッター本が与えるアドバイスの中で、最も首を傾《かし》げるのが「知り合いや有名人をどんどんフォローしよう」というものです。

実際には、私が取材したツイッターベテランには「知人はフォローしていない」、あるいは「知人とは相互フォローしていてもあまり会話は交わさない」という意見のほうが多いのです。

私もリアル世界での知り合いとは（相互フォローしていても）あまりツイッターで交流しません。普段の生活では出会えない人、交流できない人と繋がることができるのがツイッターの魅力ですから。

また、知人（あるいは家族）から監視されているような気がして自由に発言できない、と感じる人も多いのです。

「有名人をフォローする」というアドバイスはどうでしょう？　ツイッター有名人のひとり津田大介さんは『30分で達人になるツイッター』（青春出版社）で、「ツイッターの世界を満喫するには、自らつぶやくよりも先に、多くのユーザーをフォローして彼らのつぶやきをチェックしよう」とアドバイスされています。

いろいろなツイッターユーザーのツイートを読むことで、どんなツイートをすれば良いのかを学ぶ、という方法には一理あります。また、ひとつの分野に偏ることなく「多彩な人々をフォローする」というのも良い案です。

しかし、入門書によくある有名人の「おすすめアカウント」をやみくもにフォローするのはあまりおすすめできません。まず、必ずしも有名人のツイートが優れているとは限りません。フォロワー数がさほど多くない一見「普通人」の中に、素晴らしい才能の方々が沢山存在しているのがツイッターです。

また、一般のユーザーからの意見では、有名人が何をしているのか知るより、「個人レベルで広範囲の人と繋がり、意見を交わしたい」と感じている人のほうが多いことが分かります。

意見を交わせるような繋がりを求める場合、有名人ばかりをいきなり沢山フォローするのはかえってマイナスです。なぜかというと、ステップ2で説明したようにフォロー数だけを増やすと、「フォロー数200、フォロワー数0」という、誰もフォローを返したくないようなアカウントになってしまうからです。

初期に選んだユーザーたちが、あなたの交流の中核、つまりコアグループになります。たいていの場合はここから繋がりが広がってゆきますので、コアグループ選びは重要です。面白いユーザーを探すのは宝探しのようなものです。焦って数だけ増やそうとはせずに、じっくり選びましょう。

有名人ではない「普通人」のベテランユーザーたちは、次のようにしてフォロー／フォロワーを増やしたということです。

▼自分の趣味／話したい話題／交流したい分野で気の合いそうな人を探す

探し方には何通りかありますが、キーワード・プロフィール検索とハッシュタグ検索が簡単です。

キーワード検索は、ツイッターでも（HootSuiteなどの）クライアントでもできますが、ツイート中のキーワードを拾うので当たり外れが多いように感じます。それよりも、meyou.jp（ミーユー）といったサイトのプロフィール検索でキーワード（例えば「洋書」）を検索すると、自己紹介にそのキーワードがあるユーザーを探すことができ、こちらのほうが有用です。

ハッシュタグ（#）で興味深い会話をしている人を見つけたら、そこをクリックしてそのテーマ全体の会話を読んでみます。そこで興味を覚えるユーザーを見つけたら、その人のツイッターのプロフィールを見て、どんな人か、どんなツイートをされているかを調べます。

気が合いそうな人だと思ったら、その方のツイートに「同感！RT@＋ユーザー名」といった感じのコメントをつけてリツイートしたり、リプライして意見を交わしてみます。その手応えが良ければフォローしてみます。興味のある分野が一致していることとが分かるこの方法が、最も着実にフォローを返してもらえる方法です。

▼自分に似たシチュエーションの人をフォローする

有名人に想像できない一般人初心者の悩みは、「フォロワー数が少ない」ことで敬遠され、なかなかフォローしてもらえないことです。

そこで頼るのが「互助精神」です。前述の方法で趣味や専門分野が共通する人を見つけ、フォロー数／フォロワー数ともに少なく、まだ慣れていないことが推測されたら、積極的に話しかけてみましょう。

立場が似ていると、お互いに「使い方が分からなくても大丈夫」と緊張せずに対話できます。また、フォローを返してくれる可能性も高いでしょう。

▼人間関係を少しずつ広げる

あなたのコアグループの人々がよく会話を交わしている人をフォローすることで人間関係の輪を広げるのが、最も自然な方法です。交流を眺めていれば、誰と気が合いそうか、誰が興味深い情報を与えてくれるか分かります。私は、もっぱらこの方法でフォローを増やしました。

▼注目RTの元になっている人をフォローする

有名人だからといって興味深いツイートをするとは限りませんし、一般人の中に面白いツイートをする人は沢山います。RT（リツイート）が多いツイートの元ネタを書いた人をフォローすることで、面白い人を見つけた人はけっこう多いようです。

▼そして友人、知人は……

ツイッターベテランたちの話を聞くと、友人、知人との相互フォローには後述するようなストレスがつきもののようです。ですから、フォロワー数を増やす目的だけでフォローするのは考えものです。また、自分から追いかけなくても、向こうからやってくると思います。

ステップ5　クリエイティブに世界を広げる

ここまで達成したら、もうベテランとそう変わりません。

参考書を読んだり、ツイッターで知り合った人から助けてもらったり、独自の方法を開発したり、好きな方法で世界を広げてゆきましょう。次の章では、達人本の助けを借りずに自由に使いこなしている例をご紹介します。

3章

ツイッターをクリエイティブに使う

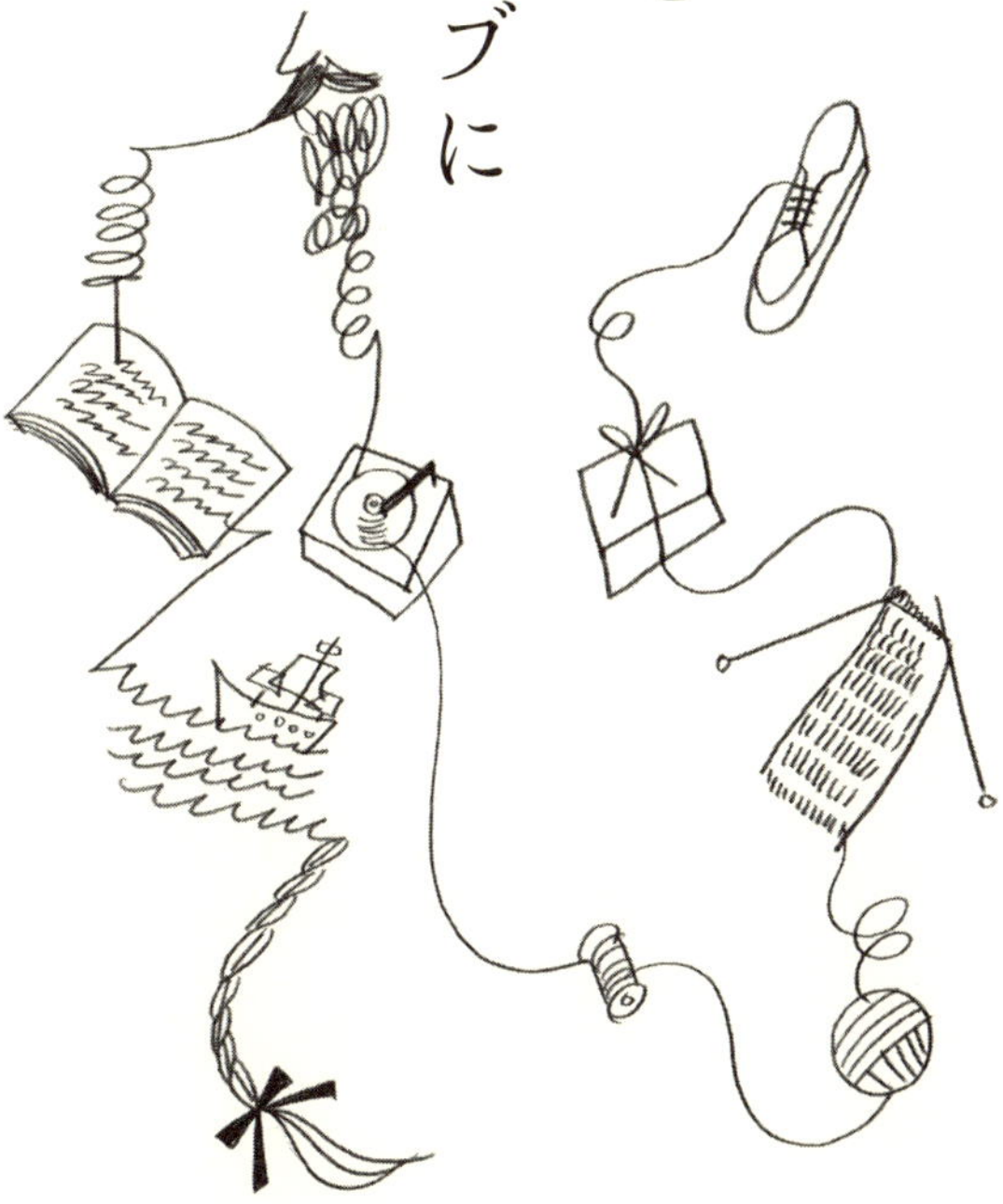

ツイッターの定義はその名の通り「鳥のさえずり」のように、「取るに足らない情報の短いおしゃべり」です。日本では「つぶやき」として広まってしまったのですが、もともとは「ぴーちく、パーチク」といった鳥のさえずり（Tweet）から生まれたものです。ツイッターの共同創始者ジャック・ドーシー（Jack Dorsey）自身がこんな風に言っています。

鳥がさえずる（chirp）音は私たちの耳には無意味だけれど、他の鳥たちには意味をなす音になる。ツイッターにも同じことが言える。多くのメッセージは完全に無駄で無意味に見えるかもしれないが、読み手次第でそれが意味を持つようになる

つまり、ツイッターは利用者次第のメディアと彼は考えているのです。

ですから、ツイッターを異次元でのパーティに譬《たと》える私のアナロジーは、あながち外れてはいないわけです。

趣旨や規模や出席者によってパーティ（宴会）の姿や雰囲気や形式が異なるように、ツイッターでも利用者がＲＴ（リツイート）や＃（ハッシュタグ）を生み出しました。

最近では、カンファレンスや対談を動画共有サービスのユーストリーム（Ustream）で放映し、それを観ている人たちがハッシュタグで出席者の発言をまとめたり、意見を交換したりすることが盛んになっています。

「社会問題上重要度の高いカンファレンスにオンライン状態で出席し、現場で発表された発言の１４０字要約ポストをツイッターのタイムライン上に送り続ける行為」（はてなキーワードより）は、それを始めた津田大介さんの名前にちなんで「Tsudaる（つだる）」と呼ばれています。

この流行語を最初に言い出したのがＩＴ系マーケティングコンサルタントの松下康之さん（@yasuyukima）です。

松下さんは、「ツイッターとユーストリームやJustin.tv（ライブストリーミングサービス）のコンビネーションで動画を絡めて音楽配信やインタビューの配信などに発展するといいと思う」と将来を展望しています。私がこれを書いている間にも、世界のどこかで新しい使い方や造語が誕生していることでしょう。

新しい使い方を知るたびに本を読んだりセミナーに出席したりして、「勉強しなくては」と感じるのが勤勉な日本人の特長ですが、かえって逆効果なこともあります。

ひとつは、楽しみを失い、仕事になってしまうこと。この本の執筆を始めたとき、私は参考資料としてツイッター本をいくつか手に取ってみたのですが、読んでいるうちに暗澹《あんたん》たる気分になってきました。

例として紹介されているユーザーは賢すぎるし、使いこなしも高度すぎます。やる気よりも、「私のツイートなんかつまらなくて誰も読みたくないだろう」という絶望感のほうが強くなってしまいました。

「一生懸命やっているのに、ちっとも効果が出ないし、面白くない」という人がいるのは、きっと過剰な期待をかけすぎているからです。

さらに大きな問題は、既成の手法を模倣することにエネルギーを注ぎすぎて、ツイッターに必要な個性とクリエイティビティを失うことです。

ここでご紹介するのは、他人の模倣（勉強）をせず、自分なりの使い方で楽しみ、結果的にツイッターから利益を得ている人々です。これを読むと、「ツイッターで大切なのは技術ではなく、そこに表現する『自分』なのだ」ということがお分かりいただけるかもしれません。

技術を模倣するよりもまず楽しむこと。たとえ仕事のために始めたものでも、目的や目標にとらわれず楽しくやっているうちに何か良いことが起こる。それがツイッターなのです。

世界のツイッターエリートたち

ツイッターは、ポッドキャストのOdeo社（Obvious社の前身）の重役たちがブレインストームをしているときに生まれたものです。

そのときにSMS（ツイッターの元になるショートメッセージサービス）のアイディアを提案したジャック・ドーシーが世界初のツイートを投稿したのが、2006年3月21日午後9時50分（PST：西海岸標準時）。

「いまツイッターを設定しているところ（just setting up my twttr）」（当時は twttr と綴《つづ》った）と、まさに「いまなにしてる？」の返事そのものでした。

そのツイッターが世界的な注目を集めたのは、2007年3月に、米国最大の音楽、映像、インタラクティブ・メディアのフェスティバルである SXSW（サウス・バイ・サウスウエスト）で、ウェブアワード（ブログカテゴリー）を受賞したときです。

たった1日でツイートは2万から6万に増えたのですが、開催地テキサス州オースティンから遠く離れたボストンでそれに貢献したのが、ポッドキャストの斬新《ざんしん》なカンファレンス「ポッドキャンプ（PodCamp）」の共同創始者クリス・ブロガン（@chrisbrogan）でした。

彼は、ツイッターが一般公開された直後の06年12月に多くの人に先駆けてツイッターを始め、先に述べた SXSW ではボストンに居ながらして連日出席者同士をツイッターで繋《つな》げるという快挙をなしとげました。ツイッターの普及に貢献しただけでなく、クリスはこの時期に人脈の基盤を作り上げることに成功したのです。

どれほど成功したかを分かりやすく表すのが、次章で詳しくご説明するハブスポット社（HubSpot）のツイッター・グレーダー（Twitter Grader）です。

ツイッター・グレーダーのエリートランキングによると、クリスは世界でトップのツイッターエリートです（2010年6月1日現在）。フォロワーが世界で最も多いブリトニー・スピアーズ（@britneyspears）や、BBC（@bbcworld）、ニューヨークタイムズ紙（@nytimes）、さらにツイッター生みの親のジャック・ドーシーすら抜いて、堂々の1位なのです。

これひとつだけでは説得力がないというならば、ソーシャルメディアガイド「マッシャブル（Mashable）」による「最も影響力があるツイッターユーザー」という記事を参考にしてみましょう。

この記事に載っている世界で最も影響力あるユーザー140人の宇宙地図で、クリスはビッグバン（この記事ではツイッターの創始者たちをこう呼んでいる）のすぐ隣に位置しています。

以前からクリスを知る私たち夫婦にとって、ツイッターのおかげでソーシャルメディア・マーケティングの会社を起業し、2年で2冊のビジネス書（新刊は"Social

Meidia 101”）を出版した彼の変化は目覚ましいものでした。

本人に尋ねてみると、やはり「ツイッターは僕の人生を何百ものポジティブな形で変えてくれた」という返事です。

以前であれば会うことのできなかった人へのアクセスができ、ビジネスの40％から60％はツイッターに関連しているというのですから、クリスにとっていかにツイッターが重要か分かります。

でも、クリスが挙げているツイッターの効能のうち、「世界中どこに行っても昼食を一緒にとってくれる人ができた」というのは一般のツイッターユーザーでも目指せることです。実際に、それを実現している人もいますから。

私だったら「それで十分ではないの？」という世界ランキング115位（2010年6月1日現在）で満足せず、「目標はクリスを抜くこと」と冗談めかして、でも真顔で言うのが、著作『Me 2.0――ネットであなたも仕事も変わる「自分ブランド術」』（日経BP社）でパーソナルブランディングのコンセプトを広めた26歳のダン・ショーベルです。

この2人は、実際にツイート数の多さでも良い勝負です。特にクリスのツイートを読んでいると「いつ寝ているのだろう?」「家族との団らん中にもツイートしているのかな?」と心配になります。

「ビジネスに使うためには、そこまでツイートにエネルギーを注がなくてはならないのか?」と思うかもしれませんが、そうでもありません。

ソーシャルメディアの専門家として世界中を飛び回っている私の夫が1日にツイートする数はほんの10程度で、私のツイート数を見て「多い……」と絶句しているくらいなのです。つまり、ツイッターに多くの時間を割《さ》かなければビジネスでの成功は覚《おぼ》束《つか》ない、というのはそもそも誤解なのです。

夫のデイヴィッドのフォロワー数は現在4万強で、クリスやダンより少ないのですが、ダンは「デイヴィッドのフォロワーは質が高い」と羨《うらや》ましがります。デイヴィッドのフォロワーにはビジネス界のリーダーが多いので、若者のフォロワーが多いダンに比べ、数値にはならない影響力があるのだそうです。

つまり、質の高いフォロワーがいれば、あまりツイートしなくても、メッセージが届いて欲しいところに届くということのようです。妻としては、寝ても覚めてもツイートしている世界ランキング1位の伴侶より、1日に10回程度しかつぶやかない伴侶のほうが好ましいというのは言うまでもありません。

不況の時代に「働きたい会社ナンバーワン」の会社で理想の職を得た新卒

ツイッターの影響力を利用できるのは、ビジネスのベテランだけではありません。大学を卒業したての若者でも、すごい人脈コネクションを作ることができるのがツイッターの良さです。

2008年にボストン大学（Boston University）を卒業したレベッカ・コーリス（@repcor）は、初対面でもすぐに打ち解ける快活さと頭の回転の速さが魅力です。若いのに年上の人と会っても物怖《ものお》じするところがありません。

合唱をはじめとする多様な趣味があり、学生時代からすでにネットによるPRやイベント企画の経験を積んでいました。不況にもかかわらず卒業と同時に就職先を見つけた数少ない幸運な若者のひとりだったのですが、手にした仕事は彼女の溢れる才能を活かせない退屈な仕事でした。

しかし、ここがレベッカと普通の新卒と異なるところです。彼女は単調な仕事でははけ口を見つけられなかったエネルギーを、ブログでの「パーソナルブランディング」に注ぎ込みました。学生時代からレベッカは、ツイッターを通して、通常の生活では決して知り合うことのできない業界トップとの交流を広げており、彼らはずっとツイッターとブログで彼女を観察していたのです。

その中のひとりが、ハブスポット社のマーケティング部門副社長マイク・ヴォルプでした。レベッカに転職の意志があることをブログで知ったマイクは、すぐさまツイッターのDM（ダイレクトメッセージ）に連絡を入れました。それは、彼が考えている特別なポジションにレベッカがぴったりだったからです。

実はこのハブスポット社は、「ボストンビジネスジャーナル」誌の「ボストンで働きたい会社」で、今年2010年にGoogleを抜いてナンバーワンになったのです。

大卒後たった3ヶ月の社会経験でマーケティング・マネジャーとして雇用されたレ

ベッカが、「働きたい会社」ナンバーワンで今何をしているかを訊いたら、日本のクリエイティブな若者は羨ましさに悶絶《もんぜつ》するかもしれません。

社会人2年目にしてセミナーの企画や管理を任されているだけでなく、会社の宣伝ビデオ制作にも関わっています。そして、現在YouTubeで話題になっている宣伝用のパロディミュージックビデオでは、なんと歌って踊る主役をつとめているのです。

ツイッターは職探しをする人だけでなく、雇用者にとっても便利なツールです。「輝かしい履歴書を読んで雇用したが、仕事はできないし、同僚とは喧嘩《けんか》をするし、でも解雇するのは難しい」という雇用者の悩みをよく耳にします。

ツイッターでは、時間をかけて候補者の対人能力や知識、性格を観察することができるので、履歴書で判断するよりずっと信頼できると言います。また、山と積まれた履歴書を読むより楽しいですし、ヘッドハンターに巨額の謝礼を支払う必要もありません。

実は、前述の「ボストンで最も働きたい会社」のハブスポット社では、社員を公募していません。「ぜひ就職したい」と思っても、ブログやツイッターなどのソーシャルメディアを通じてヘッドハントされるしか方法はないのです。

ツイッターは、社員を探すだけでなく、仕事を発注するときにも役立ちます。大学勤務のゆうなパパさん（@ynpapa）は、大学行政管理学会のウェブサイトのリニューアルについて知識がありそうな人をツイッター上で探しだしてフォローし、仕事を依頼しているということです。また、後にご紹介する方々もツイッターを通じて仕事を依頼されています。ツイッターはすでにオープンな履歴書と化しているわけです。

「ついせん」

これまでご紹介したクリスやレベッカのように、「ツイッターで私の人生が変わったと言っても過言ではない」というのが、株式会社パラスの代表取締役の平原由美さん（@YHirahara）です。

7歳から25歳までの18年間を米国で過ごした帰国子女の平原さんは、マーケティング企画の会社を創業したビジネスウーマンで、幼いお子さんを持つ働くお母さんです。

ウェブ関連の仕事なのでソーシャルメディアもしっかり研究しようと思ってまず英語アカウントを始めたのが09年の7月のことで、たった2週間トライした感覚で「これは広がるだろう」と確信し、即日本語アカウントも登録されました。

ここまでは普通のツイッターユーザーと変わりませんが、その後がさすがにマーケティング企画会社の社長たるところ。

平原さんは、1月に「ツイッタービジネスセミナー」を開催し、ツイッターそれ自体を使ってPRして成功させます。その後、座談会、セミナー、講演などの活動をしながら、次のようなつぶやきを発端として「Twitter活用事例1000」(愛称：ついせん)というプロジェクトを始めたのです。

> 全員参加「Twitter私の活用法事例集1000」「Twitterがこういうことに役立っています！というミニケースを全部Twitter上で募集してまとめるのは、どう？出版までの全行程をTwitterで？

ここから有志のメンバーが集まり、事例集めを目指して毎週土曜日にTL上で「つぶやき大会」を開催し、「顔合わせしたいね」というツイートから「オフ会」の話が広がって、「全国5都市同時開催ついせん春のオフ会」というイベントに発展。東京、大阪、名古屋、福岡、札幌の5会場をユーストリーム（Ustream）とモバイルで繋ぎながら、大規模なオフ会が開催されました。

ただのオフ会ではなく、なんと50人以上のボランティアによる全国5会場ユーストリーム同時中継。参加者（会場＋ユーストリーム）2000人以上、という大規模なものでした。ツイッターの素敵なストーリー（活用事例）も1000事例集まり、出版に向けた話し合いが進行中とのことです。

「人生の後半で結婚し、40になってから出産したので、仕事と育児でへとへとな毎日」ということですが、平原さんの毎日のツイートには、充実した生活と活気が溢れています。ビジネスに活かすためばかりではなく、そのエネルギーのお裾《すそ》分《わ》けが欲しくて集まってくる人たちもいるのではないかと思っています。

世界で最もクリエイティブなツイッターカップル

ツイッターの楽しみのひとつに「有名人が何をしているのかを覗《のぞ》き見することができる」と答えてくれた方がいましたが、告白しますと、私もそんなミーハーのひとりです。高校時代から私にとってのアイドルはロックミュージシャンと英米文学の作家です。

作家は作家、ミュージシャンはミュージシャンのコラムに分けているのですが、ある日、隣り合って流れるツイートを眺めているうち奇妙なことに気付きました。SF／ファンタジー作家のニール・ゲイマンと、キャバレーロックバンド「ドレスデン・ドールズ」のアマンダ・パーマーが何度も会話を交わしているのです。

日本では映画『スターダスト』や『コララインとボタンの魔女』の原作者として有名なゲイマンは英国在住ですし、娘が通う公立高校を卒業したパーマーはいまだにこの町に住んでいます。

好奇心にかられて調べてみると、以前にコラボレーションをしたときからの知り合いなのですが、どうもツイートの内容が個人的です。

「この２人、なんだか怪しいなあ」と思っていたところ、なんと娘が通う高校にパーマーがゲイマンを連れて現れたのです。

パーマーが脚本を書いた演劇を上演することになっていたのでそれは納得できるのですが、そこにいた高校生によると、ゲイマンは練習場の隅に静かに座っていただけとのこと。何でも書くゲイマンなのに、ブログにもツイートにもそのことを書きません。私が２人の仲を確信したのは、夫がパーマーを取材している最中に「『ニール』という人物から電話がかかってきたよ」と教えてくれたときです。そのとき私は自宅でゲイマンがアマンダについて書いたツイートを読んでいたのですから。

彼らがツイッターとブログで婚約を発表したのは、もっと後のことだったので、私は自分の探偵としての腕（娘は「ツイッターストーカー！」と批判しますが）に自己満足した出来事でした。

このカップルのユニークさは、どちらもハブスポット社のランキングによるツイッターエリートだということです（ゲイマンは通常50位以内でパーマーは１００位以内）。

ゲイマンは毎年のように有名な賞を受賞し、作品が映画化され、しかも専門外の人々とのコラボレーションも盛んに行っています。それらについて、毎日ブログとツイートで発信してくれるので、ファンは彼があれこれ手がけていることを見逃さずにすみます。それだけでなく、「ああ、こんなことも可能なんだ」と創作のインスピレーションを与えてくれる人物です。

アマンダ・パーマーは、ゲイマンとは少々異なり、放送禁止用語を多数含む開けっぴろげなツイートでファンと繋がっています。叩き付けるようなピアノと慟哭《どうこく》のような歌声もさることながら、一番の魅力は強い個性です。ツイートでその個性を発揮し、全世界にファンを増やしています。

このカップルがいかにツイートをクリエイティブに利用しているのかを示すエピソードがあります。

今年4月のアイスランドでの火山の噴火を覚えている方は多いと思います。14日夜、グラスゴーでのコンサートに向けてボストンから旅立ったパーマーは、45分の乗り換えのはずだったレイキャヴィークの空港ですっかり足止めをくらってしまいました。

コンサートには当然間に合いませんし、空港からも出て行くように通告されました。

そこでパーマーが頼ったのがいつものツイッターです。全世界からフォロワーたちが解決策を提供してくれ、ニュージーランドのコンサートで前座をつとめたハラというシンガーのアイスランドに住む幼なじみが、パーマーを空港まで迎えにくることになりました。

そこで分かったのは、ハラにニール・ゲイマンの本をすすめたのがこの女性で、それが縁でハラがゲイマンと知り合いになり、ゲイマンのおかげでパーマーをツイッターでフォローするようになったということでした。

ツイッターで状況を知ったファンのひとりが地元のプロモーターです。彼が提案したナイトクラブでの即興コンサートに乗ったパーマーはそれをツイッターでPR、当日どころかギグの直前だったのに100人もの観客が現れました。

21歳から肉を食べていなかったパーマーが、この日夕飯に鯨《くじら》の肉を食べたことをツイートして全世界のファンから非難のリプライを受け取ったのは計算外だったと思いますが、ゲイマンから「鯨を食べないでくれ」という懇願のDMを受け取ったこともまで懲《こ》りずに全世界にばらしてしまうところが、彼女らしいところです。

ツイッターカップルではアシュトン・クッチャーとデミー・ムーアが有名ですが、ツイッターをクリエイティブに使っているという点では、ゲイマンとパーマーに勝るカップルはいないでしょう。

人生の使命を与えてくれる

ウェブデザインの制作会社勤務の天野由華（@flyingLarus）さんがツイッターを始めたのは、２００９年7月ごろ。最初はマーケティングの勉強としてメディアの使い方をまず体験しようというのが始まりでした。

その天野さんが乳がんの告知をされたのが２０１０年1月29日のことでした。ネット上だけのお付き合いとはいえ、まだ若い彼女の身に降りかかった人生の試練は、私にとっても相当なショックでした。

私が外資系医療製品メーカーに勤務していた20年ほど前に、乳がんを含めた患者会の人々と交流することが多かったので、天野さんがこれから立ち向かわねばならない苦難の数々が即座に頭に浮かんだからです。

「手術、抗がん剤、家族との人間関係、それに加えた不安…と数えきれない困難がきっと彼女のあの明るさを奪ってしまうだろう。少なくともしばらくの間は」と私は心の中でつぶやきました。

ところが天野さんは、ツイッターから消えることはありませんでした。健康な人には想像もできないほどつらい抗がん剤の副作用や、病の不安についても、天野さんはブログとツイッターで一般に公開し始めたのです。

以前と変わらない明るい口調で闘病についてツイートを再開した天野さんですが、内部では大きな葛藤がありました。

「がんになるとすべてが嫌になるんですね。容姿も変わるし、辛いし。ある種引きこもっていた部分があったと思います」

鬱《うつ》になりそうな気持ちを奮い立たせるためにも、天野さんはツイッターで前向きな発言をし続けようと決意したそうです。

しかし、そういった内面の葛藤はツイートでは見えないので、心ないことをリプライする人も現れました。

ガンで死ぬって、一番楽な死に方だと聞いていますが、それはどう思われますか？死ぬって怖いですか？

こんな質問の他にも、患者の介護にあたる家族が鬱憤《うっぷん》をぶつけてくることもありますし。ときには議論をふっかけてきて離さない人もいます。それにいちいち対応する天野さんを傍《かたわ》らで（といってもツイッターを介して）見ていると、「どうしてそこまでする必要があるのか？」と疑問に思うことがあります。

彼女と語り合って感じたのは、ツイッターでの「漠然としたコミュニケーション」から脱皮して、自分のツイッターに使命を持ちたいという熱望です。

「患者同士のつながりや、がんに罹《かか》っていない人々への啓蒙をしたい」という天野さんですが、かつてがん治療の専門家や代表的な患者会に関わって来た私には、いまひとつ、ツイッターだからこそ達成可能なことや、天野さんが嫌な思いをしてでも使命感を持ってツイートする意義が見えてきませんでした。

同じ頃、先ほど登場した松下康之さんが天野さんに刺激されて勉強会を企画したと知りました。

松下さんは本業の他にボランティアで「えxぺ」という勉強会を企画実施していらっしゃるのですが、天野さんの闘病に対して「単に頑張れ！と励ますだけではなく、なにか具体的にできることはないか」と考えてきたということです。この勉強会の意義を私に納得させてくれたのは、彼が書いた次の文章です。

がんという病気のテクニカルな側面ではなく生活目線で、つまりがんにかかるってどういうことなのか？何が起こるのか？お金はどれだけかかるのか？などなどを今がんと闘っている人、かつて闘っていた人、家族が闘っているのを経験している人に登壇してもらって話を聞く、対話する、質問する、という勉強会です。つまり病気のテクニカルな部分ではないところを共有しようというのが目的です。がんそのもののハナシはいっぱい本も出てるしね

私はボストンからユーストリームでこの勉強会の中継を観たのですが、ハッシュタグで参加した多くの方の感想を読み、かつての患者会を超える可能性を感じました。

これまでは、「患者、医療従事者、メーカー」という三者に限定されていましたが、ツイッターであれば、その枠を超えて家族や遺族、疾患《しっかん》に罹っていない人とも繋がることができます。

「病気に罹った人」と「罹っていない人」の間に存在する境界線をなくし、「誰でも病気に罹る可能性がある」という立場から問題意識を共有することができます。また、日本国内だけでなく海外在住者にも運動を広げることができます。

ツイッターはただの暇つぶしのSNSではない。そう感じさせてくれる例です。

ローテク同士の偶然の出会い

私がツイッターを始めたのは平原さんや天野さんより半年ほど前でしたが、ローテクのうえにさしたるモチベーションもなかった私は、長い間どう使って良いのか見当もつきませんでした。

夫に続く2人（?）めのフォロワーが仮想犬、ニューヨークタイムズ紙ベストセラー"Dog On It"（邦訳『ぼくの名はチェット　名犬チェットと探偵バーニー1』東京創元社）」の主人公チェット（Chet）だった逸話を冒頭で披露しましたが、チェットの生みの親スペンサー・クインが私をフォローした理由がまた、私に勝るローテクぶりだったのです。

スペンサーがツイッターを始めたのは私と同じく2009年の1月で、"Dog On It" 発売の1ヶ月前でした。発売前から注目していたこの本をブログで紹介した直後にフォローされたので、ずっと「ミステリ作家にしては、マーケティングをわきまえた鋭い嗅覚《きゅうかく》だ」と感心していたのですが、真相は単なる偶然だったのです。

最近スペンサーに尋ねたところ、出版社の広報担当にプロモーションの一環としてツイッターをするように強くすすめられ、「この人たちをフォローしなさい」と手渡されたリストに私が入っていただけのことでした。

彼は、「なぜ?」と尋ねることすら思いつかずに従うタイプですから、ツイッターを始めたばかりの私がこのリストに入っていた理由はいまだに不明です。作った本人に尋ねても、どうせどこかから入手したリストなのでしょう。

スペンサーからフォローされた後、米国のベストセラー作家と大手出版社から次々とフォローされたのが不思議だったのですが、もしかするとこの謎のリストのせいかもしれません。このエピソードからも、入門書などで見かける「おすすめリスト」がいかにあてにならないか、お分かりいただけるかと思います。

"Dog On It" はすでに自分のブログ「洋書ファンクラブ(http://watanabeyukari.weblogs.jp/yousho/)」で紹介していましたが、ツイッターでフォローされたのでさらに親しみを感じたものです。

出版されるやいなやブログに記事を書き、日本で版権が売れる前にはそれを宣伝し、「これを読まずして年は越せないで賞」という企画でも応援してきました。

いただくメールやコメントから察すると、私のブログでチェットのファンになった日本の洋書好きは少なくないと思います。

ツイッターには、こういった偶然や誤解による出会いがあり、それが継続的な人間関係に発展する可能性があります。

「僕自身はそれほど面白い人間じゃないから」とチェットとしてツイッターをし続けているスペンサーは、「チェットは僕と違ってネットで友達を作るのは得意なようだよ」と言っています。

チェットに呼びかけるフォロワーたちのツイートを読むと、犬好き同士の繋がりの暖かさに心が和《なご》みます。チェットの性格のせいか、変な相手に絡まれて（あるいはかみつかれて）嫌な思いをした経験は皆無だそうで、我々が架空の犬から学ぶことがありそうです。

予想外の恩恵を得られるのがツイッター

「一生懸命努力しているのに、結果が出ない」、あるいは「ツイッターのどこが面白いのか分からない」と感じるのは、ツイッター大流行の後に始めた人に多いような気がします。

そこで、ツイッター世界ではベテランに属するユーザーの方々に、「ツイッターを始めた理由」と「良かったこと、仕事の役に立ったこと」を尋ねてみました。

それらの回答を読んでいるうちに私が気付いたのは、私自身が得た恩恵の大きさです。ツイッターを始めときにぼんやり描いていた目標ではなく、偶発的な副産物こそが、私がこうむった最大の恩恵です。

私にとって最も貴重なツイッターの副産物は、バーチャル職場です。妊娠と夫の海外転勤をきっかけに、会社勤務から自宅でできる文筆業と翻訳に方向転換した私にとって、もっとも不安だったのが、「最新情報に疎《うと》くなる」ことと、「他人とずれていることに気付かない変な人になる」ことでした。

夫が勤める会社のパーティに参加するたびに、どんどん移り変わる世界で私だけが取り残されてしまう寂しさと焦りを感じたものでした。時事に関する新聞記事を読み、政治番組を観るだけでは自分の考え方は偏《かたよ》ってゆきます。

米国では娘の通う学校のＰＴＡや町の各種委員会でいろいろな人と交流するように心がけましたが、今度は日本の事情に疎くなってしまいました。

ツイッターで日本の方々と交流するようになり、自分の考え方を客観視し、修正することができるようになったのが最も嬉しいことです。

ツイッターを上手に利用すれば、「他人とずれていることに気付かない変な人」にならないための、予防（場合によってはリハビリ）ができるのですから。

また、日本のビジネスにおける「飲みニケーション」は、情報交換とコネクション作りに重要です。しかし、こうした飲み会は、日本に住んでいる頃は朝型人間なのであまり気が進まず、米国在住の今は距離的に参加不可能です。

ところが、ツイッターの誕生で、自宅にいながらにして、世界中の人々と複数の飲み屋での会話を同時進行できるようになったのです。

ツイッターが私に与えてくれたのは、「おはよう。あの本読んだ？」とおしゃべりする職場の同僚であり、「〇〇が文学賞にノミネートされたよ」と最新情報を耳打ちしてくれる同業者であり、「こんな仕事やってみませんか?」とやりがいある仕事を依頼してくださるお得意様です。

実は、この本を書かせていただくきっかけになったのが、相互フォローしている方と交わした冗談めいたツイートだったのです。

ごぶさたの方からメールをいただいた。「Twitterでの活躍、いつも見ております!」。いや、活躍ってなんだ、活躍って。

という@daichiさんのこんなツイートを読んで、私はコメント付きで次のようにリツイートしました。

もうこうなったら「ついったーUN達人術――掟に逆らう「Twitter入門」」のebook出版しませう　RT @daichi: ごぶさたの方からメールをいただいた。

「Twitterでの活躍、いつも見ております！」。いや、活躍ってなんだ、活躍って。

そこに飛び込んで来たのが、朝日出版社の赤井茂樹さんからのリツイートでした。

@asahipress_2hen: こういう場面で「私どもでぜひ！」なんて申し出るのは電子書籍への無理解を曝すだけなんでしょうか。 RT @YukariWatanabe: 掟に逆らうTwitter入門のebook @daichi:

これ以前に私の書いたブログ記事を赤井さんにお読みいただいているという下地があったわけですが、そのブログ記事を読んでいただくきっかけも、ツイッターで多くの方が話題にしてくださったからです。

最初にツイッターを始めたときには、たったひとつのソーシャルメディアからこんなに恩恵を受けるとは想像してもみませんでした。

ここでご紹介するのは、私が交流している方々ですから限られたケースですが、有名人ではない一般人がどのようにツイッターで繋がってゆき、思わぬところから恩恵を得ているのかを感じていただくためのサンプルです。

ツイッターをどう使ってよいか分からなかった私が初期にフォローしたひとりが、児童書新刊書評家の林さかなさんでした。

「あたらしもの好きなので、おもしろいサービスが始まったと聞き、すぐ登録しました」とおっしゃるように、林さんがツイッターを始めたのは、私が交流している人の中では最も早い時期の07年6月でした。

仕事に役立てようという目論見はなかったようですが、英米の有力紙誌や文学賞授賞式の中継ツイートなどを楽しむなど、もっぱら英語圏でのニュースソースとして利用していたのは私と同じです。

また、英語でツイートしていたのに日本人の参加者が急増したあたりから日本語でのツイートが中心になった点でも、林さんと私のツイッターへの馴染み方は似ています。

今は国内のニュースソースとしても、井戸端会議としても使っているという林さんがツイッターをやって良かったと感じるのは、以前からの知り合いとツイッターをしていることで近しさが増したことです。距離感が縮まったせいか一緒に仕事をすることになったこともあるということで、これは楽しんでいるうちに現れた結果です。

はっきりと目に見えるビジネス上の利益だけでなく、「TL上でおもしろい本の話題が出て、実際に読んでみて仕事に役立つことがたくさんある」というのは、私も大いに同感です。ツイッターのおかげで見逃さずにすんだ本の情報は、数えきれません。

私の2ヶ月後に始めた文芸エージェントの大原ケイさん（@Lingualina）も、「最近よくツイッターって聞くけど、何だろ?」という軽い気持ちで始めたひとりです。

実は、大原さんのブログは以前から読んでいて、「知り合いになりたい」と思っていたのですが、声を書ける勇気がなかったのでした。（どちらが先にフォローしたかは忘れましたが）ツイッターで出会ったときに「あ、この人、あのブログの著者だ！」と分かって喜んだのを覚えています。

生粋《きっすい》ニューヨーカーかつ大阪人の彼女の特長は、出版界の知識と経験に基づいた独自の辛辣《しんらつ》なユーモアや鋭いディベートです。リストやコラムも使わず、TLを真面目に全部読むこともなく、特に売り込んでいる様子もないのですが、ツイッターで仕事上の情報交換ができる人と出会え、ブログへのアクセスが増え、それを見てコラムなどの執筆依頼が来るようになった、ということです。ツイッターはテクニックではなく中身が勝負ということでしょう。

前述の林さかなさんと楽しそうに英米文学のツイートを交わされているのを傍《はた》から読み、「米国でもこういう話題で盛り上がることができる友達が見つからないのに、日本に住んでいる人と話すことができるんだ！」と嬉しくなってフォローさせていただいたのが、翻訳者の小竹由美子さんです。

小竹さんがツイッターを始めたのは、「マイミクさんたちがなにやら新しい場でおしゃべりを始めていて、面白そうだったので、私も参加しようと思った」と、やはり仕事を意識していないスタートです。

小竹さんと私の共通点は、東京から離れた場所に住み、「英文科を出ているわけでも翻訳学校に通っていたわけでもなく」翻訳家としての道を独りで切り開いてきたというところです。

同業者との接点がなかった私たちにとって、「自分ひとりではとても構築不可能な情報のアンテナを張り巡らせる」ようになり、文学賞候補作、受賞のニュースなどを興奮して語り合える「職場の同僚」ができたのは、仕事の依頼と同じくらい嬉しいメリットなのです。

私がとあるティーン向け洋書のミーハーな情報交換を楽しむときに欠かせないお相手が、洋書関係の仕事をされている角モナ（@monasumi）さんです。角さんとどういったきっかけで出会ったのかは忘れましたが、彼女も「アメリカではみんなツイッターにハマっているという噂を仲のよい友人達としていたのがきっかけ」と、なんとなく始めた後で、林さんや小竹さんのように、情報と仲間を得る素晴らしさを知ったひとりです。

山中湖情報創造館という図書館のこれからのあり方を探索する丸山高弘さん（@maruyama3）とも早い時期に出会いました。

丸谷さんは、2年前に「新しいサービスは、まずトライしてみる」と登録したものの、当初はツイッターに「何してる？」と聞かれて「ネットサーフィンしている……」程度のことしか書けず、実態がよく分からずにしばらく放置していた、とのことでした。

他の人との交流を始めたのは、多くの方が参入し始めた09年夏のことで、ツイッターでこれからの図書館についてつぶやくと、それに反応してくれる人が現れます。

本業の図書館について、来館者を増やす努力をしたり、新しい試みに挑戦する図書館ととらえてもらえるようになり、ツイッターが役立っているようです。

このように、私は最初洋書や本の関係者と知り合ったのですが、そのうち努力したわけでもなく、これまでの人生ではとうてい出会うことがなかった方々にも遭遇《そうぐう》しました。

その一人が、内閣府防災担当政策統括官付参事官の後藤隆昭さん（@ryu_）です。後藤さんがツイッターを始めた目的は、ただの「遊び」だったということです。「直感的にツイッターは面白くなりそうだという予感があった」というのはなかなか鋭いものです。直接仕事のうえで役立ったことはないということですが、情報を精査することができるようになり、「自己をオープン化することで行動を律することができるようになり、考える上での参考になっている」とのことです。

後藤さんと似た意見を持つのが、シャーリー仲村知子さん（@nekotanu）です。ロックから時事問題、ときにはこの年齢にしか通じないジョークを交わすお付き合いなのですが、英国留学、新聞記者を経て、現在NPO「ぱすたの会（おおいた「非行」と向き合う親たちの会）」の事務局長や、大分家庭裁判所家事調停委員などを務めるすごい女性だということを知ったのはけっこう後になってからです。

彼女もツイッターを始めた動機は話題性と好奇心でした。けれども、現在では仕事関係の方とも知り合い、情報収集や意見交換に役立てているようです。

少年や家庭に関するセンシティブな問題を扱うこの仕事には、守秘義務がつきまといます。どんなに悩みがあっても他人には打ち明けることができないために、悶々《もんもん》と悩むことが多いと言います。そんなときに、同じような守秘義務を持つ司法関係者や医療関係者の「疲れた」「あれで良かったのか」などというツイートを読み、同感し、救われることもあるとおっしゃっていました。

これも、ビジネスチャンスとか数字では測れないツイッターの効用です。

いつどこでどのように知り合ったのかまったく覚えていないのに、いつの間にか交流していたのが、漫画家／イラストレーターの本橋ゆうこさん（@kuromog）と藤井あやさん（@ayafujii）でした。もちろん、これまでの私の人脈や日常生活からは、出会いが不可能だった方々です。

「漫画家／イラストレーター」の一般的イメージがどういうものかよく分かりませんが、メディアの方々と同様の知的好奇心と論理的な思考を感じる方々です。特に電子書籍や時事問題などで毎日刺激を与えてくれるのが嬉しいところです。

本橋ゆうこさんのほうは、特に目的なく始め、最初2ヶ月くらいはまったく誰もフォローせずに、ひたすらブツブツと独白していたようでした。けれども、ツイッターのおかげで「圧倒的に視野が広がり、仕事のイラストにそれが反映されているだろう」と感じています。

これらの人々より遅めにスタートした藤井あやさんは、もっと意図的に始めたようです。Kindleで漫画を出版しようと模索していた藤井さんは、海外の方と情報交換したいと思っていたのですが、結局英語では使いこなせずに、日本語に切り替えました。当初の目標はやや挫折したわけですが、ごく短期間のうちに、ツイッターを通じて今までとは違った分野の原稿依頼や取材依頼が来るようになったということです。そこで、「仕事の幅を広げるべく奮闘している」とお話しくださいました。

多くの専門職が繋がり合うことのできるツイッターは、受注する側だけでなく、発注する側にとっても都合の良いメディアだと思います。それを利用した新しい企画が今後もどんどん生まれてゆくことでしょう。

「どこかでツイッターのことを聞いて、面白そうなので試してみようと思った」と軽い気持ちで始めたけれど、今ではビジネスに活かしていらっしゃるのは、カナダ在住のピアレスゆかりさん（@YukariP）です。

主に英語で地元のネットワーキングをされていますが、最近はベリーフィットというエクササイズを日本に上陸させる企画に取り組んでいらっしゃいます。ツイッターでコネクションもできているようですし、出張でビクトリアを訪問したフォロワーのひとりと会食したときに翻訳を依頼されたこともあるそうです。

他の場所で知り合ったけれど、ツイッターのおかげでおつきあいが深まったという方もいます。

株式会社ニューズ・ツー・ユーの代表取締役、神原弥奈子さん（@minako）とは、夫の著書『マーケティングとPRのネット戦略』（原書 “New Rules of Marketing and PR” 日経BP社）の邦訳版監修をしてくださった関係で知り合いました。といっても、夫を通してですから、最初のうちはメールでも遠慮がちなやりとりでした。

距離がぐっと縮まり、夫抜きの一対一の気軽な会話を交わせるようになったのは、ツイッターのおかげです。ツイッターでは、真面目なビジネスの話題だけでなく、家族旅行のことも、その折々の楽しい関心事も話題に上ります。お互いの人となりが分かりやすく、声をかけやすくなります。

神原さんは、自社で主催するオンラインビジネスセミナーやネットPRセミナーをハッシュタグ（#onbiz, #netpr）を使ってリアルタイムでレポートしています。エッセンスをうまくまとめたツイートに刺激を受け、私もつい自分の意見を付け足してリツイート（RT）してしまいます。このハッシュタグで興味深い意見を述べている方々と知り合うこともあって、得難い経験になりました。

「有料セミナーの中継を疑問視する人もいるようですが、会場には会場にしかない「現場感」があるものです。ツイッターでのレポートで、会場内にいる人とも、情報交換をすることができます」という神原さんの意見には私もおおいに賛成です。映像を無料で提供することで、「有料でもいいから、その場にいたい」と感じる人は必ずいると思うからです。

神原さんのようにツイッターの特長を活用するマーケティングとＰＲの専門家がいる一方で、「マーケティング」という用語に対するアレルギーを持たせるような「商魂《しょうこん》溢れすぎる」アカウントも急増しています。こういったアカウントを嫌悪する人は多く、中には「エロ系スパム」と同じように最初からブロックしてしまう人もいるほどです。仕事の役に立てるつもりであまり肩に力を入れて頑張りすぎると、かえって逆効果になるので要注意です。

ツイッターとは、「自分らしさを発揮し、楽しく継続しているうちに何か良いことが起きる」ソーシャルメディアではないか、と思うのです。

私はジョギング・クラスタの方々に毎日のジョギングを励まされ、アーティスト・クラスタの方々に心を癒《いや》され、海外在住の皆さんとは共感し合い、料理クラスタの方からは夕飯のアイディアをいただき、専門分野を極めた方々からは知恵をお借りし、私一人では収集不可能な情報をいただいています。

このように、ツイッターは知恵や情報の宝庫ですが、この体験は目標を作って頑張ることでは得られません。自由にゆるく繫がっているうちに結果としてついてくるものなのです。

ただし、その自由にゆるく繫がる良さに魅了されて中毒になる人も急増しています。何にでも熱心になりやすいタイプの方は、ぜひ本書5章の「ツイッター中毒」を参考にしてください。

見慣れた世界から一歩踏み出そう

ツイッター入門書やビジネス応用書を読みすぎることの弊害は、ローテク人間に「とてもではないが、私にはできない」という絶望感を与えてしまうことです。

そういうときに思い出して欲しいのは、まず「大部分の人が同じように感じている」ということです。そして、さらに重要なのが、「ツイッターには、そもそもこれが正しいという使い方はない」ということです。

達人と呼ばれる人のスタイルを真似しても、達人とあなたとでは、これまで蓄積してきた人生経験が違うのですからうまくゆくはずがありません。

それより、せっかくツイッターという自由で新しいメディアを使うのですから、これまで体験しなかった世界に一歩足を踏み出し、そこで自分なりの使い方を編み出してはいかがでしょう?

▼自分の専門外の人と交流する

自分のよく知っている世界の人と交流すると、知りたい最新情報を得ることができますし、考え方をシェープアップすることもできます。

他のソーシャルメディアでもそれは可能でしたが、普段の生活では決して知り合うことのできない専門家と言葉を交わせるのは、ツイッター独自の優れた特長です。

情報セキュリティの起業家で、医学博士で、投資家で……と、ここには書ききれないほどの経歴を持つ浅田一憲さん(@asada0)がツイッターをして良かったと感じるのは、「素敵な人とたくさん知り合えたこと。特に女性」だそうです。

変な意味ではなく、「男性は普段でもいろいろこれは、という人に知り合う機会がありますが、女性はありませんので、ツイッターをやっていて初めて、世の中にはたくさんすごい人がいるんだな、と感じることができました」ということです。

これは、私にも思い当たります。ぼんやりと米国の作家や洋書ファンとの交流を想定してツイッターを始めた私ですが、気付いてみると、科学者、学生、主婦、音楽家、ＩＴ関係者……と、幅広い分野の人々と交流していました。

もちろん、普通の生活をしていたら決して知り合うことのなかった人々ですし、彼らから得る知恵と知識、異なる視点は、私の仕事にとって不可欠になっています。

自分の専門の方をフォローするだけでなく、自分が普段知り合うことのない人々とも積極的に交流することをおすすめします。

▼他国に住む日本人と交流する

同じ日本人でも、住んでいる場所によって視点が大きく異なります。それを実感するのは、日本に住んでいる人よりも外国暮らしが長い日本人（あるいは日系人）です。

オーストラリア在住の日本語教師、がびさんは、ツイッターを始めて良かったことのひとつに、「日本の知識、政治、文化の『いま』に触れることができる」ことを挙げています。

「私のように外国暮らしが長いと、いくらネットの恩恵に触れるようになったとはいえ、それでも日本の普通のひとたちのつぶやきを読める機会は滅多にありません。新聞に書いてあることと市井のひとたちがどう思っているかということとは違います。そのギャップとナマの声にもとても興味があります」とがびさんは言います。

メディア関係の仕事をされている日中ハーフで米国籍の@lakersmaniaさんは、もともと、日本人の政治や歴史に関する生の声を聞きたくてツイッターを始めたということです。

例えば、普天間基地近くの住民の意見を直接聞くことができるなど、フィルターをかけない情報が入手できますし、「ブログや掲示板より特定の人物と速いペースでコミュニケーションが取れるツイッターは重宝《ちょうほう》だ」と、おっしゃっています。

私もこのお二人の意見が非常によく分かります。というのは、日本の情報にまったく疎くなっていた私が、たった1年ちょっとのツイッター体験でずいぶん日本の「いま」を理解できるようになったからです。

「ドロリッチ」や「桃ラー」といった人気商品を知っただけでなく、鳩山政権誕生、普天間問題、鳩山首相退陣……といった一連の政治の動きと、それに対する国民の生の感情は、日本の主要紙を読むよりも鮮やかに感じ取ることができました。

また、在外日本人として見解にゆがみが生じているときには、理路整然と異なる視点を提供してくれる方の意見に接することができます。この恩恵は計り知れません。

恩恵を受けるのは、海外に住む日本人だけではありません。留学を目指す人、異国の文化に興味を抱く人、時事問題について現地の見解を知りたい人など、日本に住んでいる人が海外在住の日本人から得る情報も豊富です。これを活かさない手はありません。平等にギブ＆テイクができるので、ぜひ交流をおすすめします。

▼外国語で世界中の人と交流する

外国語を上達させたい方におすすめなのが、ツイッターを活用して現地の人々と交流することです。英語の場合は、日本語に比較して、アルファベット１４０字で書けることは限られていません。１４０字に収めるために略語や省略が多く、文法が正確である必要がなく、従って日本人にも気楽に参加できるというわけです。

私が寄稿した『今日から英語でTwitter ――つぶやき英語表現ハンドブック』（語研）は、英語でツイートしてみたい初心者におすすめです。親切な解説だけでなく、「こんなときにどう表現しよう？」と迷ったときに応用できる例文が沢山載っています。

ただし、向こうからフォローしてくる英語のアカウントはたいてい怪しいものですから、気をつけてください。それらをフォロー返しするのではなく、自分の趣味や専門分野で検索するか、あるいは自分がツイッターでフォローしている人が会話を交わしている人に限定するのが安全です。

▼海外の報道・情報サイトのツイッターアカウントをフォローし、日本では得られない最新情報を入手する

好きな作家やミュージシャンをフォローしてツイートを読むのも、楽しい語学の勉強だと思います。

ツイッタークライアントのHootSuiteを利用している私は、TLが読みやすいように18のコラムを作っています。ツイッターをしない日もあるくらいなので、個人のTLを全部読むのは最初から諦めていますが、なるべく毎日目を通すのが海外の報道関係のコラム（私が作ったリスト）です。報道関係のリストには、ニューヨークタイムズ紙、CNN, Breaking News, The Daily Beast, Huffington Post, NBCの女性ジャーナリスト3人などが含まれています。

もうひとつ私が注意を払うのが、英米文学に関する情報アカウントのリストです。これらのリスト全部にざっと目を通し、元記事を読む必要を感じたらリンクで元記事を読みます。また、自分や夫の仕事にとって重要なものであれば、ネットを検索してさらに多くの情報を集めます。

大変な作業に聞こえるかもしれませんが、15分もあれば、さらに調べる必要がある重要な情報があるかどうかはチェックできます。ツイッターを始めた頃からやっていたので、意識しないうちに速くなったようです。

TLに流れるツイートを毎日読むだけで、努力せずに英語の速読が身に付くというのは魅力的ではありませんか。

▼自分なりの使い方を考える

「『Twitter は使い方まで自分でカスタマイズできる＝人間の数だけウェブサービスとしてのあり方がある』ということなんでしょうね」というのは @ATborderless さんです。

まさしくその通りで、他人の使い方は参考にはなりますが、模倣しても結果を模倣することはできません。模倣にエネルギーを注ぐよりも、試行錯誤を繰り返して効果のある使い方をカスタマイズし、さらにはこれまでにない方法を編み出してみてはいかがでしょう。

4章 ツイッターの迷信と真実

フォロワー数（フォローされている数）の迷信と真実

「ハーバード大学合格者＝世界でトップレベルの頭脳」というステレオタイプはよくご存知だと思います。ですから、ステイタスシンボルとしてハーバード大学に入学したい学生や子供を入学させたい親がいます。もちろんハーバード大学には優秀な頭脳の学生さんが揃《そろ》っていますが、決してイコール「世界でトップレベルの頭脳」ではありません。

まず、別の大学のほうが好きだからハーバードを受験（ペーパーでの試験ではなく、書類なので表現がいまひとつですが）しない優秀な生徒は少なくありません。次に、スポーツで突出した才能を持っていれば、学校の成績が多少悪くてもスカウトしてもらえます。第三に、祖父母や親兄弟が同じくハーバード出身者であれば、「レガシー入学」といって他の希望者より優先してもらえます。親が巨額の寄付を行えば合格しやすくなるのも、米国では完璧に合法です。

「TOEFLあるいはTOEIC満点＝熟練した英語が使える」も似たようなステレ

オタイプです。試験の点数はしかるべき勉強をすれば上がるものですが、だからといって英語圏でのコミュニケーション能力が高いとは限りません。

言語の熟達度をテストで計ることの限界は、海外で暮らしたことがある人であれば誰でも知っていることです。それでもこういった迷信が存在するのは、そのほうが数値化され可視化されて分かりやすいからです。

ツイッターで一番分かりやすい、可視化された比較指標がフォロワー数です。だからこそ、フォロワー数に関する根強い迷信が存在しているのです。そこで、まずはフォロワー数に関する「迷信（思い込み）と実際」についてお話ししてゆこうと思います。

▼フォロワー数が多いのは有名人、という迷信

ツイッターにおける最大の迷信は、「フォロワー数が多ければ多いほど有名（偉い、達人）」というものでしょう。多少の真実は含まれていますが、ツイッターの普及に伴って加速度的にただの迷信になりつつあります。

フォロワー数が多い方々を観察し、実際に取材もして得た、私の仮説はこうです。

フォロワーが多い人たちは、ほぼ4つにまとめられます。

①有名人

②ツイートに情報性がある／面白い

③早くから始めた

④フォロワーを増やす努力（操作）をしている

フォロワー数の多いアカウントに遭遇《そうぐう》すると、普通の人は①か②だと思うことでしょう。けれども、よくよくそれらのアカウントを観察してみると、④の「フォロワーを増やす努力（操作）をしている」場合のほうが多いのです。

②の情報性があり、面白いツイートをする人であっても、フォロワー数が数千から数万になるのには時間がかかります。

短期間にフォロワー数がこの数に達している人たちは、フォロー数が少ないあなたよりも偉いわけでも達人でもなく、フォロワーを増やすために「努力」をしているだけなのです。その努力の中身についてはいろいろありますので、後で詳しく語ることにします。

▼フォロワー数が多く、フォロー数（フォローしている数）が少ない人は有名人、という迷信

「週刊ダイヤモンド」のツイッター特集「2010年ツイッターの旅」（2010年1月23日号）で「フォローされたらフォロー返ししよう」と呼びかけている勝間和代さんのような例外はありますが、たいていの有名人はあまりフォロー返しをしないものです。ですから、有名人のアカウントはフォロー数に比べてフォロワー数が格段に多くなる傾向があります。

この「有名人の条件」を真似ようとする人が現れるのは時間の問題です。私がそんな人の存在に気付いたのは2009年の夏頃でした。フォロワー数がまだ200くらいの私が、フォロワー数5000人ほどの見知らぬ方からフォローされたのです。

声をかけたこともないし、読書やジョギングという共通の趣味があるわけでもありません。よく考えてみれば不思議な現象なのですが、「わー、光栄！」という情けな

いノリでフォロー返しをしました。

ところが、ちょっとしたきっかけで、ある日その方からアンフォローされていたのに気付いたのです。「見捨てられちゃった」とがっくりしていたら、ある日TLで「フォローとアンフォローを繰り返してフォロワー数を増やしている人」としてその方が名指しで批判されていました。

フォロワー数が多く、フォロー数が極端に少ない人の中には、こういうアカウントもあるとそのときに知ったのです。それから注意して観察してみると、そんなアカウントは実に多いのです。ちょっとがっかりしてしまう事例ですが、ツイッターでも現実社会でも、表層的なイメージに騙《だま》されないよう心がけなければなりませんね。

▼フォロワー数が多い人には影響力があるという迷信

私をフォローしたアカウントの中から、フォロワー数が異様に多いアカウントを選んでいくつかTLを読んでみたところ、下記のようなツイートで埋まっているものがありました。

たくさんのフォローワー（ママ）様が増え、つぶやきもツイートしてもらえて

無料

1日で500人フォロワーを増やす方法を教えます

こういったアカウントがあるのは、「フォロワー数を増やしたい」という切実な願いがあり、その根底にさらに「フォロワー数が多い人には影響力がある」という思い込みがあるからでしょう。

むろん真実も含まれているのですが、最近は、無意味で実体のないフォロワー数が増えています（これについては後ほど詳しくご説明します）。また、実際にフォローしている人が多い場合でも、直接の影響力に疑問を投げかける研究結果もあります。

ドイツのマックス・プランク研究所のミーヨング・チャによるツイッター研究論文

は、「インディグリー（フォロワー数）の多さは、必ずしも影響力の大きさを意味しない」と結論づけています。

6万人以上のユーザーを対象にした大規模なこの調査では、アカウントの影響力を次の3つのタイプに分けています。

フォロワー数

リツイート（RT）

リプライ

調査を行った研究者たちは、リツイートは他人に伝える価値があるコンテンツ、リプライは他人を会話に引き込む能力を示唆する、ととらえています。

この調査で判明したのは、「リプライでの対話が多いユーザーは、リツイートされることも多い。その逆も同様である。ところが、聴衆を会話に引き込むことやメッセージを拡散させることに関しては、フォロワー数が多いユーザーが必ずしも最大の影響力を行使しているわけではない」という事実でした。

つまり有名人でフォロワー数が多くても、ツイートの内容が良くなければ影響力はあまりない、ということなのです。

実はすでにこれらを考慮に入れた「トップユーザーランキング」が存在します。インターネットのマーケティングとPRに役立つソフトを作成しているハブスポット（HubSpot）という会社が開発したツイッター・グレーダー（Twitter Grader）のエリートリスト（http://twitter.grader.com/top/users）がそれです。

純粋にフォロワー数だけですと、2010年の6月1日時点で1位がフォロワー数5,037,289のブリトニー・スピアーズ、2位がアシュトン・クッチャー、オバマ大統領は5位といったところです。

ところが、ハブスポットのエリートリスト100位以内には、フォロワー数トップの5人はまったく入っていません。

トップの2人、クリス・ブロガン（フォロワー数138,519）とガイ・カワサキ（238,312）はソーシャルメディア専門家ですし、その後に続くのはニューヨークタイムズ紙とBBCニュースといったメディアです。

そして50位以内にランクされている日本人は、広瀬香美（31位、フォロワー数313,637）、勝間和代（34位、386,844）、津田大介（40位、62,478）という顔ぶれです。

ハブスポットの共同創始者でこのシステムを開発したダルメッシュ・シャー（@dharmesh）に尋ねたところ、（企業秘密の部分もあるので詳細は明らかにはできないものの）次の要素で算出されているとのことです。

フォロワー数
フォロワーそれぞれの影響力
ハブスポットが編み出したツイッター・グレード数
他のユーザーたちとの関与の度合い
リツイートとリプライの程度

リツイートとリプライの程度もそうですが、その人をフォローしているユーザーの影響力が順位に影響を与えているというのは納得できます。

1位のクリス・ブロガンのほうが2位のガイ・カワサキより10万人もフォロワーが少ないことを見ると、クリスをフォローしているユーザーひとりひとりの影響力が強いということが推定できます。

見方を変えると、フォロワー数が少ない津田さんの順位が高いのは、彼のフォロワーひとりひとりの質の高さを示しているのかもしれません。

▼「水増し達人」と影響力があるユーザーを見分けるコツ

先日、「ウェブマーケティング業」と自己紹介しているアカウントのフォローを返したらこんなＤＭ（ダイレクトメッセージ）が来ました。

渡辺由佳里さん。こんにちは。＊＊で新たなサービスを開始しました！フォロワーを確実に増やしたい方は必見です！（ＵＲＬ）

こんなＤＭを受け取りたくないので即座にアンフォローしましたが、このような方はなるべく最初から避けたいものです。そこで「水増し達人」を見破る簡単テクニックを使うようになりました。

ある日私が気付いたのは、私が日常的に交流している方々の「フォロワー数に対するリスト数」が一定の割合だということでした。「リスト」とは、ツイッターの公式アカウントであれば、「フォローしている」「フォローされている」の右横にある数字です。

例えば、フォロワーが１５００人いるアカウントが、他人の１３０のリストに入っていて、フォロワーが５０００人のアカウントが４００のリストに入っているという具合です。「フォロワー数 対 リスト数」の比率がほぼ同じであることがお分かりいただけると思います。

2章の「ツイッターデビュー」で、ＴＬ（タイムライン、時々刻々変化するツイートの流れ）を読みやすくする方法として、HootSuiteなどのツイッタークライアントを利用することをおすすめしました。そのときに、リストを作ってそれをコラムに連携させることで、各人それぞれのＴＬが格段に読みやすくなることも話しました。

私は、「海外の報道」「英米文学の情報」「読書好き」「ジョギング仲間」といったリストを18ほど作っていて、毎日読みたい情報アカウントやよく会話を交わす方のアカウントをそれらのリストに振り分けています。

リストに入れているのが日常的に読んでいるアカウントで、それ以外は、暇があるときにホームフィード（Home Feed：フォローしている全員のタイムライン）で読ませていただく程度です。

フォローする数が増えると、沢山フォローしている中で定期的に読むのは少数でしかありません。自分のツイートを定期的に読んでくれているフォロワーの数を推察するのに、最も分かりやすいのが「リスト」の数字なのです。私が観察したところ、フォロワーがリストに入れて読んでくれている割合は、たいていのアカウントで5％から8％程度です。私の主観的な体験では、1割（たとえばフォロワー数が5000でリストが500）以上の方はリプライやリツイートが多く、先ほど述べた「アカウントの影響力」が大きいようです。

前述のように、フォロワー数が異常に多くてツイートの内容が面白くないアカウントをいくつか調べたところ、フォロワー数が1万でもリスト数が100人（1％）、あるいはもっと少ない人もいました。

水増しでフォロワー数を増やした場合、たとえフォロワー数が何万人であっても、きちんと読んでいる人ははるかに少ないということなのです。フォロワー数よりもリスト数のほうが、その人のツイートの影響力を率直に示していると言えるでしょう。

ハブスポットのエリートリストで50位の津田大介さんのアカウントを見ると、フォロー数4,313、フォロワー数63,499、リスト数8,253（2010年6月5日現在）と、リスト数がフォロワー数の約13％で、有名人の中でも相当高いほうです。

読んだ人々がお気に入りに指定した数を「ふぁぼったー」で調べると、津田さんが「ふぁぼられた」数は107,654ということです。

全世界的に見るとフォロワー数がそれほど多くない津田さんのツイートの影響力を感じさせてくれたのは、取材に答えてくださった@ATborderlesさんの「どなたかのRTで読んで『このtsudaさんという人、いいこと言うなあ』と発信元をフォローしに行ったら津田大介さんだった」という回答でした。「有名人だから」という理由ではなく、彼の発言を読みたいからフォローしている人が多いことを示すエピソードです。

これは私の経験則ですが、フォローを返さないとアンフォローする（私のツイートのフォローを取りやめる）アカウントが毎週50〜60あります。そこには何度もフォローとアンフォローを繰り返す典型的な「水増し達人」が含まれていますので、ひとつご紹介しましょう。

Aさんのフォロワー数は1万人を越す有名人レベルなのですが、リスト数は300でフォロワー数の3％しかありません。もっと不思議なのは、これまでツイートした数が500未満だということです。こんなことを申し上げるのは、ツイートの内容でフォロワーを集めるためには、ある程度ツイートをしている必要があるからです。超有名人を除くと、500未満のツイートで2000人以上集めるのは、どんなに魅力的なツイートをする人でも、まず無理です。

念のためにツイートの内容を見ると、「ぼちぼちでんな」「毎日飲むんだけれど、今日はきついな」といったもので、前述の@ATborderlesさんが津田さんのツイートに思わず引き込まれた、「いいこと言うなあ」とか「これはためになる情報だ！」というものが見当たりません。

興味が湧いたので、ツイッター・カウンター（http://twittercounter.com/）というサイトでフォロワーの増え方を調べたところ、ずっと400程度で横ばいだったフォロワー数が、3月末を境に急上昇し始め、2ヶ月で1万に達していました。その間のツイート数は、1日に平均3回程度で、まったくツイートしていない日もあるほどです。

彼がこの方法を使っているかどうかは知りませんが、フォロワーを増やす手っ取り早い方法は「フォロワーを買う」ことです。ツイッターは取り締まりを検討しているようですが、グーグル検索してみたところ、販売会社はまだ堂々と商売をしていました（2010年6月1日現在）。

フォロワー1000人のお値段は、25ドルから90ドル程度といったところですが、空っぽの聴衆を買う値段として安いのか高いのかはよく分かりません。人工的であっても増やしたい方は勝手に増やせば良いと思いますが、フォロワー数をやみくもに崇拝するのは、そろそろやめてもよいと思います。

▼数字化されている「影響力」を鵜呑《うの》みにしてはならない

ハブスポットのツイッター・グレーダー以外にもアカウントの影響力を数字化するサービスはいくつか登場しています。

HootSuiteが2010年7月に取り入れた「クラウト（Klout）」は、単純にフォロワー数で査定せず、リスト（よく読まれていることを示す）、リツイート（メッセージの波及力）、＠でのリプライ（他者への影響力）を重視したものです。

なかなかよくできているのですが、これにしても、個々のアカウントをチェックしてみると問題があることが分かります。RTされているツイートの中には、面白いけれども取るに足りないものがよくあります。そういったツイートしかしない人でもクラウトの数字が高くなりますが、それを「影響力」とみなすべきかどうかは、はなはだ疑問です。

もっと深刻な問題は、クラウトという新たな比較指標がフォロワー数同様にツイッターユーザーたちに不要なストレスを与え、数字に執着する人たちを生み出す可能性です。

この数字を上げるために、ウケ狙いのツイートばかりを考えて現実社会でやるべきことを忘れてしまうようになったら、それは5章でお話しする「ツイッター中毒」の症状です。数字を見たら、鵜呑みにせず、まず疑ってかかるのが一番です。そして中毒を自覚したら、本書5章のアドバイスに従ってください。

▼健全なダイエットとフォロワー数に近道はない

アウトロード代表の松本孝行さん（@outroad）は、「ツイッターのよさは誰もが自由でいられること」と考える方です。

「フォロー数を増やす目的だけはダメ」という方に対しては、「フォロワー数が増えることを喜びとする人もいるわけですから」と堅苦しいルールを作るのではなく、「嫌ならブロックすればよい」と提案しておられます。

先ほどのAさんのように、交流より数を増やすことが目的のようなツイッターは不可解ですが、多くの人と繋《つな》がりたい、そしてビジネスのために影響力を持ちたい、と思うのは、ごく自然な欲求だと思います。

傍観者として観察していて気付いたことですが、フォロワー数を増やすのと、ダイエット（体重を減らす）の努力には、どこか共通点があるようです。どちらも手っ取り早い達成方法への需要と、怪しい方法を提供する供給があり、ひとつがダメになっても、また新しい方法が生まれます。短期的に成功したかに見えても継続的な効果はないところや、もともとの目的を忘れて数に執着してしまう人がいることも似ています。

天《あま》の邪鬼《じゃく》の私は、流行りのダイエットが生まれるとその逆のことがしたくなるし、「フォロワー数を増やすためには自分からどんどんフォローしていくとよい」といったアドバイスを読むと、逆に「絶対やるものか」と思ってしまうところがあります。

私の2010年7月28日現在のフォロワー数（4500）と、フォロワー数（6400）は、2009年1月から自然に増えていった結果です。あの当時から始めて毎日つぶやいている一般ユーザーのフォロワー数は、増やす努力や制限する努力（している人もいます）をしていない限り、だいたい1000人から6000人程度に膨《ふく》らんでいるのではないかと思います。

逆に言えば、1000人を越すまでにけっこう時間がかかっているので、初期に知り合った方々はアイコンが変わっても見分けがつきますし、何日も会話を交わしていなくてもなんとなく繋がっている安心感があります。

ですが、3000人を超えたくらいから、アイコンの似た人を混同したり、リプライをされても返事ができなかったり、といったストレスが生じて来ており、自分の理想の方法で対処できる数字を超えてしまった感もあります。

それなのに、始めたばかりの方が、「1日で500人フォロワーが増える」という方法を使って1万人以上のフォロワーを抱えていらっしゃるのを見ると、数々の疑問を抱かずにはいられません。

この本の取材として、実験的に「洋書」というキーワードで現れた最初の12人をフォローしてみたのですが、「この人のツイートは面白い。ためになる」と思ってフォローした人たちとは異なり、結局のところあまり読んでいません。あちらのほうも、「フォローしてもらったから、フォローを返したけれど」といった感じなのか、交流がありません。

体重を減らすのも、フォロワー数を増やすのも、時間をかけて自分に合う方法や目標を見つけるのが、本人にとっては一番ためになるのではないかと思います。

▼誰もがフォロワー数を増やしたいわけではない

フォロワー数を気にする人がこれほど多いのは、先ほど話したように可視的なステイタスを与えてくれるからです。ゆえに、「ツイッターをやっている人はみんなフォロワー数を増やしたいに決まっている」という思い込みも存在します。

けれども、フォロワー数を増やしたくない人は、意外と多いのです。私がよく話を交わす方の多くは勝間和代さんより先に始めたベテランですが、フォロワー数／フォロー数はあまり多くありません。

私が親しくしているユーザーには、フォロワーを増やす努力をしていないか、〝わざと〟フォロー数を増やさない人のほうが多いようです。

「私はＴＬを全部読むので、沢山は追えない。従って少数限定」「フォローをあまり増やすと見逃しが多くなる気がして……」などが、フォローを増やさない理由ですが、彼らはフォロワー数も増やそうとしていません。

「フォローされたとき、フォロワー数が多すぎる人にはフォローを返さない」というのも、量より質を重んじる知恵と言えます。「量を重んじるフォロワー」は、あまり自分の発言に興味を抱いていてくれるわけではありませんし、フォローを返さなければ、だいたいアンフォローしてきます。

「フォロワーが増えるにつれて、カチンと来る言葉や無神経で理不尽な言い分を書かれることも増えてきました」と取材にお答えくださった方がいましたが、私も、その変化を体験しています。100人くらいしかフォロワーがいなかった頃には、お互いに気心が知れているので、やや舌足らずな発言をしても誤解される恐れはほとんどありませんでした。

ところがフォロワー数が1000を超えた頃から、うかつな表現をすると、突然感情的な反論が戻って来てびっくりするようなことが増えてきました。フォロワーを増やそうと努力している方は、関わる人の数が増えればそれだけトラブルの可能性が増えることも知っておくべきでしょう。

▼そもそも数が無意味になりつつある

ここまであれこれ書いておきながら最後に実も蓋《ふた》もないことを書いて言ってしまいますが、フォロワー数もリスト数も無意味になりつつあります。

ここではややこしくなるのでいちいち説明しませんが、フォローしなくてもリストも定期的に読めます。自分でリストに入れず、他人のリストをそのままフォローして（前項を参考）を使えば読めますし、「TweetDeckでコラムを使えばリストに入れなくて読んでいる人もいます。

その一方で、「1日に500フォロワー達成」や、数を増やすためだけの「相互フォロー」が激増し、「ツイートなんか読まないフォロワー」が量産され、そのからくりに気付く人も増えています。ですから、最初から数などは気にしないのが一番なのです。

ツイッターとビジネスに関する迷信

2007年にデイヴィッド・ミーアマン・スコット(David Meerman Scott)が"The New Rules of Marketing and PR"(邦訳『マーケティングとPRの実践ネット戦略』日経BP社)を出版したときには、「ソーシャルメディアを使って直接マーケティングとPRをする」のは斬新なコンセプトでしたが、現在では当たり前のことのようにとらえられています。

「ネットマーケティング専門家」も増え、これらの人々が発信する情報に刺激された中小企業の方々もツイッターを始めるようになっています。

そういった方々から毎日のようにフォローされているのですが、「これが果たしてビジネスに役立つのか?」と首を傾《かし》げたくなるようなアカウントも増えています。次のような役に立たない迷信に振り回されているようでならないのです。

▼ビジネスに役立てるためにはどんな手段でもフォロワー数を増やさねばならぬ、という迷信

ツイッターをマーケティングやPRに使うのでしたら、ユーザーへの影響力を得た

いと願うのは当然です。ユーザーへの影響力を持つためには聴衆の数が多いほうが良いと決まっています。けれども、「いかなる手段を講じてでも」増やせば良いというわけではありません。それは次のような理由からです。

①数を水増ししても、実際に読んでいる人がいなければフォロワー数が少ないのと同じ

本書の1章でツイッターをパーティに譬《たと》えましたが、パーティで「これが私の名刺です、あなたの名刺をください」とだけ挨拶する人が、短時間にあちこち飛び回って名刺を大量に集めたとしましょう。

その人は後で「有名な誰それさんの名刺も含めて、こんなに集めた」と同業者に自慢することはできるかもしれませんが、それが仕事に役立つことはまずないでしょう。人工的に増やしたフォロワーは、そんな無意味な名刺のようなものです。

②露骨にフォロワー増やしをすると、数を尊敬する人しか読まない

一般的にはフォロワー数が多い人のほうがフォローされやすい、という印象がありますが、取材では「フォロワー数が異常に少ないアカウントも、反対に多いアカウン

トもフォローを返さない」と答えた方がけっこういました。

その最大の理由は「フォロワー数の多いアカウントは、フォロワーを増やすためだけにフォローしている可能性が高い」からです。

先の項でも触れましたが、そういったアカウントは、フォローした相手が一定期間内にフォローを返さないとアンフォローします。取材のために「リムッター」というサービスを使って調べたところ、私の場合、先週1週間だけで、そんなアカウントが60もありました。その中で代表的なものをいくつかご紹介しましょう。

アカウント1（ビジネスホテル）――フォロワー数43000
アカウント2（会社経営者）――フォロワー数38000
アカウント3（パソコンショップ経営）――フォロワー数22000
アカウント4（アフィリエイトビジネス）――フォロワー数20000
アカウント5（不動産業）――フォロワー数18000
アカウント6（経営コンサルタント）――フォロワー数5900

これらのアカウントのツイートは、画一的で面白くない傾向があります。最近の例をいくつか抜き出してみます。

この方法を実践したら、超多忙、女性経営者が、たった10日で0→3500人を達成しています！

……がわずか1ヶ月で70万円も稼いだ秘密をメルマガで公開

誰でも稼げるアフリを紹介……

もちろんこれらのアカウントを歓迎する人もいるとは思いますが、一般の人にはスパムと同じと見なされて避けられています。こういったアカウントをフォローしているのは、どうやら「相互フォロー」でフォロワー数を増やしたい方々のようです。互いに、フォロワー数を水増しするために利用し合っているだけなのですね。このような繋がりから、ビジネスで何の益が得られるのか不思議でなりません。

そして、こういうアカウントにうんざりしている人々が、フォロワー数が異常に多いアカウントをおしなべて嫌うようになっているのです。影響力を持ちたいのであれば、量よりも質を心がけるべきです。

▼ツイッターをマーケティングやPRのツールとして始めればすぐに結果が出る、という迷信

『Twitter社会論』（洋泉社）の中で津田大介さんが「ツイッターは、『人間が一番面白い』という当たり前の事実を明らかにしている」と書いておられますが、これはツイッターにはまり込んだ人であれば、誰でも感じていることでしょう。

前章でご紹介したツイッターエリートのクリス・ブロガンは、著書“Social Media 101”で、「ビジネスであるな。人間であれ。（ツイッターでは）人と人が交流するのだ。あなたがビジネスのことを話したい気持ちは分かる。だが、人間として話しかけてくれ」と、ビジネスを前面に押し出すのではなく、個人として交流するべきだと説いています。

ツイッターをしている人間が面白くなければ、一生懸命ツイッターをしてもビジネスには役立たないということです。

どうすれば面白い人間になれるかを教えることは不可能ですので、もっと具体的なアドバイスを、この道のエキスパートであるクリス・ブロガン、ダン・ショーベル、デイヴィッド・ミーアマン・スコットの3人に求めてみました。

数多くいただいたアドバイスの中から、発想の転換に役立つと思われるものをまとめてご紹介します。

▼ビジネスや売る製品のことばかり話すなかれ
▼それよりも、カスタマー（顧客、ユーザー、聴衆、ファンなど）の役に立つ情報を提供せよ
▼同業者と同じことをするな。埋もれてしまって目立たなくなる。ユニークであれ
▼フォローとフォロワーは量より質
▼自分の業界で最も影響力を持つ人々をフォローせよ
▼それらの人々と交流するときには、自分を売り込もうとするなかれ。それらの

人々が広めようとしているアイディアについて的確な質問をせよ

▼ツイッターばかりするな。肝心の自分がなくなる

私にとっては、いずれも「なるほど」と納得できることばかりです。特に、自分の売り込みばかりではなく、「カスタマーの役に立つ情報を提供せよ」という部分は、どんな職種の人にも参考になることではないでしょうか。

「常識」の常識と非常識

日本人のツイッター人口が少ないときには、善し悪しは別として、米国のそれと雰囲気があまり変わらなかったのですが、日本でブームになってから英語圏ではお目にかからない「ツイッターの常識」を感じるようになりました。米国在住の筑紫心保さん、マユ・マカラさんも私と同じように感じていました。

「日本で日本人だけに囲まれて暮らしていると、『他人が自分のことをどう思うか？』ということが主な悩みになってしまう。そして、『皆と同じようにならなくては』と

いう気持ちになる。それでは辛いだろうと思う」とマカラさんは言います。

同情はするのですが、日本を離れて「他人と同じである」プレッシャーがない立場の私たちにとって、日本独自の「ツイッターの常識」を押し付けられるのは窮屈《きゅうくつ》でなりません。

しかし、それは、海外在住経験者だけの悩みかというと、そうでもないようです。

ある日目に留まったのは、こんなツイートでした。

どうも日本人はローカルルールをすぐに作ろうとする傾向があるよな〜。SNSだと足あとつけたら足あと返しや足跡帳に書かなきゃダメとか。ツイッターだとフォロー返ししなきゃダメとか。どうしてわざわざ自分たちのルールを作って自由から遠ざかろうとするのか。不思議

こう書いた松本孝行さんは日本にお住まいです。そこで、松本さんに質問してみると、他にも同じような考え方をする人たちがおられるとのことでした。そこで次に、

取材を通して知ることとなった「日本独自の常識」から生まれる摩擦やストレスをご紹介しようと思います。

▼フォローされたらフォローを返すべき、という常識

大学院生の伊藤由貴さん（@electricalPeach）が「独習　猫でもわかるやさしいelectricalPeach」というブログに書いた「勝間和代と広瀬香美のせいでツイッターのあり方が変わってる」というやや挑発的な記事は、いっとき話題になりました。

伊藤さんの気にかかったのは、勝間和代さんが「週刊ダイヤモンド」（2010年1月23日号）のツイッター特集に書いた次の部分です。

ツイッターは助け合いと善意で成り立っているメディアである。フォローされたらフォロー返ししよう。フォローしている人が困っていたら助け舟を出そう

伊藤さんの文章を読んでいて「なるほど」と思ったのは、「ツイッターとは本来ゆるいつながりが魅力的なもの」という部分です。

誰かをFollowするのも、Removeするのも、話しかけられて返事してもしなくても自由。誰もFollowしないで自分のブログみたいにするとか、自分は何もつぶやかずにみんなのつぶやきを眺めるとか、使い方も自由

それこそがツイッターなのに、影響力がある勝間さんが「フォローされたら、フォローしなければならない」と書くと、それが常識だとみなされて定着してしまう恐れがある。それで伊藤さんは違和感を持ったのです。「某SNSで『あしあとつけたらコメ返しはジョーシキでしょ☆』に似たような苛立《いらだ》ちを覚えた」と書いておられるのはそのことです。

こういった意見を持つのは伊藤さんだけではありません。松本さんも、勝間さんの記事に対して、「『Twitterでの当然のマナー』のように発言されております。私個人

としては相互フォローする・しないはその個人の判断であって、こういうルールを決めてしまうと、相互フォローする人→いい人、相互フォローしない人→悪い人、のようなレッテル貼りや先入観を持つことにもつながりかねません」と危惧しています。

私の記憶でも、大ブームが起きる前には「フォローされたら、フォローを返す」という常識のようなものはなかったように思いますが、最近になって「相互フォローお願いします」という呼びかけをよく目にするようになりました。

面白いのは、大ブーム前からツイッターを始めた方々がこれにけっこう苛立ちを覚えているらしいことです。今回お話を伺った方の中でも何人かが、「『相互フォローお願いします』と書いている人はフォローしない」と教えてくれました。

また、意外と悪評が高かったのが「フォロー／アンフォローお気軽に」と書いてある自己紹介です。「そんなの、あなたの許可をいただく必要はない。当然だ」という感じのようです。

実は最近まで私も「フォローされたらなるべくフォローを返そう」と思っていたのです。「交流しましょう」と呼びかけてくれる方を無視したくないし、どこで素敵な出会いがあるか分からない、普段触れ合うことのない職種や年齢の人々の考えていることを知ることができるから勉強になる……というのが主な理由でした。

自動でフォロー返しをしない最大の理由は「エロ、スパム、集客アカウント」などからのDMを避けるためですが、フォローされる数が増えるにつれて全員の自己紹介をチェックする時間の余裕がなくなりました。そこで、RTや@で絡んでくれた方を中心にフォローすることにしたのですが、それすらできていないのが現状です。ですから、「フォローされたら、フォローを返す」という常識は、現実的にも実行不可能なのです。勝間さんほど影響力がない私ですが、ここで私なりのツイッターマナーを提案しておきます。

「フォロー／アンフォローは、その人の勝手です」

▼フォローしてもらったらお礼をリプライすべき、という常識

「相互フォローお願いします」「フォロー／アンフォローお気軽に」に伴って増えてきたのが、「フォローありがとうございます」というお礼のリプライです。

取材した方の中でも「わざわざ言わなくてもいいのに」「アンフォローしにくい人みたいで面倒そう」という反応が目立ちました。

DMでの「フォローありがとうございます」はさらに評判が悪いのです。DMの礼を受け取ったらアンフォローする人もいます。ツイッターとは本来ゆるい繋がりが魅力的なものなのに、これまでのSNSのように窮屈なものになるのが嫌だからです。

繰り返しますが、「フォロー／アンフォローは、その人の勝手」です。礼を言う必要はありません。

▼アンフォローは無礼、という常識

ツイッターでは、フォローもアンフォローも自由です。元来「フォロー」はその人の話を聞くための手段であり、「相互フォロー」をすると、他人には関係ない個別の質問や仕事の依頼ができる、便利なDMが使えるようになります。

従って、話を聞くつもりがない相手からフォローされてもあまり意味がないし、ましてやアンフォローされないようにフォローを返すのは馬鹿げています。

アンフォローしたユーザーを教えてくれる「リムッター」というサービスのことは2009年の夏頃から知っていたのですが、「わざわざそんなことを知ると、それが気になるから嫌だ」とあえて使わずにきました。けれども、この本を書くに当たって「何でも体験」と利用し、アンフォローする2つのタイプを知りました。

大多数はフォロワー数増やしが目的のアカウントで、数日内にフォローを返さないとアンフォローします。

もうひとつは少数派ですが、フォローされてから数日後にアンフォローするユーザーです。これらはフォロワー数がフォロー数に比べて極端に多い（地位が高い人に多い）タイプです（彼らがこのような面倒なことをする理由は説明するまでもありませんので、勝手にご想像ください）。

こういうアンフォローのタイプはまったく気になりませんが、これまでツイートを何度も交わした人やリアルな世界の友人や知人からアンフォローされた場合は傷つくものです。先日もある方と、「とはいえ、アンフォローされると、やっぱり悲しいね」と打ち明け合ったところです。

けれども、たいていの人が一度くらいは（iPhoneなどの）操作を間違えてアンフォロー（あるいはブロック）してしまったことがあるのです。また、ツイッターのバグ（システムなどの機械的な不具合）で勝手にフォローが外れることがあります。

ですから、あまり気にする必要はないのですが、「アンフォローされた理由が分からない。されないようにしたい」と思っている方のために、どんなときにアンフォローされやすいのかをまとめてみました。

▼人の悪口、愚痴《ぐち》、ネガティブな感情表現が多い
▼こちらが元気をなくすような発言が多い
▼こちらに対して悪意があると推測できる
▼つぶやきの内容に興味がない
▼宣伝ばかり
▼RT（リツイート）ばかりで自分のツイートがない
▼（特に政治的な）熱すぎるツイートを連投する（続けざまに投稿する）
▼ツイートに偏見や差別がみられる

▼しつこい（返事もしないのに何度もリプライをしてくる）

▼自分勝手・理不尽な発言が続く

▼ツイートが多すぎて、TLを独占してしまう

繰り返しますが、大部分のアンフォローの理由は、「フォロー数と比較したフォロワー数の割合を増やしたい」「ツイッターのバグ」「ツイッターの操作ミス」なのです。「フォローを増やしすぎて読めなくなったから、読める程度にまで減らした」という単純な理由も考えられます。自分のツイートを読み返して他人に不快感を与えていないことが明らかであれば、アンフォローされたからといってあまり気にする必要はありません。その方と縁がなかったというだけなのです。

▼読みたくないがアンフォローもしたくない場合には、「そうめん流し」という手がある

逆に、「知人からフォローされたけれど、その人のツイートが多すぎてTLを埋めてしまい、他の人のものを読めないからアンフォローしたい。でも、アンフォローす

ると人間関係にひびが入りそう」と相談されたこともあります。

実は私も同じ理由でアンフォローされたことがあるので、内心吹き出してしまいました。そこで提案したのが、リストやコラムを使った「そうめん流しの術」です。

前章でご紹介したクライアントを使わずに、ツイッターのウェブでTLをすんなり読める限界は50人くらいだと思います。それ以上増えると、流れが早すぎて読むことが難しくなります。

そこで、クライアント（HootSuite など）のコラムを使っていくつものコラムに振り分けるのです。また、1000人以上になって、全員をコラムに振り分けるのが難しくなったら、よく読む人だけをコラムに入れます。

残りはホームフィード（Home Feed：フォローしている全員のTL）をどんどん流れて行くので、時間があるときや気が向いたときに眺め、面白いツイートがあったらすくいあげてリプライしたり、リツイートします。

そこで面白い人を再発見したら、リストやコラム（HootSuite の場合は、リストに加えれば自動的にコラムに表示されるようになります）に追加すればよいのです。それが、私が勝手に命名した「そうめん流しの術」です。

この本を書き始めたときには、「フォローやアンフォローを自由にするのがツイッターなのである。気にしてはいけない」と書くつもりでいたのです。ところが、先日ある方の精神状態があまりにも不安定なのでアンフォローしようとしたところ、「あの人からアンフォローされるなんて思っても見なかった。なんであんな奴に……」と恨《うら》み言が滔々《とうとう》と書いてあるではありませんか。

「この人、ちゃんとチェックしてるんだ。恨まれたくないなあ」と怯《おび》え上がった私は、「アンフォロー」ではなくてこっそり「そうめん流し」に移させていただきました。

「こっそり」と表現したのは、最近私はほとんどのリストを「公開（public）」から「非公開（private）」に変更し、外からは見えないようにしかたらです。悩めるシチュエーションに遭遇《そうぐう》したら、「そうめん流し」にしてしまうことをお薦めしています。

▼@で話しかけられたら返事をするべき、という常識

基本的に、誰かに話しかけたときに返事が返ってくると嬉しいものです。ですから、

普通は「話しかけられたら、返事をする」というのがマナーでしょう。ですが、結論から言ってしまいましょう。

「@やRTで話しかけても、返事があると期待しないこと」

これがツイッターの原則です。なぜでしょうか？　私の仮説は以下のものです。

▼答えを期待しているコメントだとは思わなかった
▼どう答えてよいのか分からない
▼ツイートした後でその人が離脱する（ツイッターを閉じる、席を外す）ことがある
▼話しかけた人には見えないけれど、実は多くの人から話しかけられているので読むだけで精一杯
▼多くのリプライ、RTを受けている場合には、見逃しや、返事をしたつもりでしていないときがある
▼すべてのリプライ、RTに「ありがとうございます」といった返事をすると同じようなツイートがTLを埋めてしまうので、他の人に嫌がられる。だから自《じ》粛《しゅく》している

▼発信することを主目的にしている人は、気が向いたときしか返事はしない
▼勢いが出ているときにいちいち返事をすると、言いたいことを忘れる
▼ツイッターの障害でツイートが消える（今週私の1万以上のツイートが消えてしまい、いただいたリプライとリツイートの一部と送ったDMも消えたままです）

あんまり心配していただきたくないのですが、次のような場合もあります。

▼攻撃的、あるいは悪意ある絡みと思われ、スルー（無視）されている

けれども、もっとも重要なのは（繰り返しになりますが）、ツイッターは「自由でゆるい」ことが長所のメディアだという点です。

「フォローされたらフォローしなければならない」のように、「話しかけられたら返事をする」という常識を作ってしまうと、がんじがらめの使い方しかできなくなってしまいます。

返事をくれない相手についてあれこれ恨み言を考えるより、どんどんいろんな人に声をかければよいのです。そうすれば、返事をもらっていないことにすら気付かないことも増えていくはずです。ツイッターを使って、「あまり小さなことを気にしない

ように自分を訓練しよう」と発想転換すればよいのです。

▼ＲＴの掟《おきて》

よく話題になる公式ＲＴと非公式ＲＴについてです。ツイッターのサイトからリツイートするのが公式ＲＴでこれにはコメントをつけることができません。

それと違って、HootSuiteなどのツイッタークライアントを使うのが非公式ＲＴで、オリジナルの前に「こんな意見もありますよ」とか「同感！」といった自分の感想や意見を書いて改めて再び（RE）ツイートするものです。

ＲＴが広まるのは、読んだ人が「面白い」「情報性がある」と感じたものなので、影響力があるユーザーは、ＲＴをしてもらえるツイートを多く書く人でもあります。

けれども、たまには「ＲＴしないでくれ！」と怒る方もいらっしゃいます。いろいろな理由があると思いますが、「自分の書いたものが他人の手によって勝手に編集されて伝わるのは困る」と感じている人は少なくないようです。

私が遭遇した小さなトラブルは、ある方が私に対してリプライしたものが、まるで私が発言したかのようにRTされて広まってしまったことです。それがまた私とは大いに異なる意見だったもので、多くの方から賛否両論を受け取るのには困惑《こんわく》しました。

何人もが続けてRTすると、それぞれが少しずつ編集を工夫しないと140字以内に収めることができないので、オリジナル（もともとのツイート）が変化してしまいます。RTが3つも4つもてんこもりになるツイートは米国にはないツイッターの使い方で、見知らぬ人々とひとつのテーマで共感する楽しさがあります。それを禁じてしまうのもつまらないと思います。

そこで私が試みているのは、RTでテーマが分かりやすいよう編集し、それにオリジナルのパーマリンク（ツイートした時間を示す部分をクリックすると現れます）を付けることです。

［例］
@daichi さんのオリジナルのツイート

話を伺っていると、「もし、自分がガンだったら」みたいなことを言葉にしちゃいけないという、言霊思想ってのがすごく怖い気がするなあ。自分もなり得る、と常に感じていることが、早期検査とかにつながるんだろうな。大事な人を守るためにも肝に銘じておこう。 #ganlife

私がそれに意見を付けてツイートしたもの。140字では収まらないので、@daichiさんのオリジナルが読めない私のフォロワーさんたちのために、私が注目している部分の発言、オリジナル投稿のパーマリンク、この2点を付けてリツイートしています。

人が長生きをするようになっている現代、「ラッキーに生き延びればいずれがんにかかる可能性のほうが高い」と考えるとよいかと思う。少なくとも私はそう思って検査を受けてる。RT @daichi: "「もし、自分がガンだったら」みたいな…" http://ht.ly/2fzsJ #ganlife

［例］

次は、パーマリンクを使ったやりとりが、2週間以上も続いた例です。ある日私がこんなツイートをしたら、しばらく英語をテーマにしたやりとりが増えました。

皆さん。誰それの英語が下手だとか、なんとか、やめましょうよ〜。通訳とかは別として、それ使って仕事や人間関係作れたら正確でなくっても訛りが強くても大丈夫。

沢山いただいたリプライの中から、次の @michiko_xxx さんのものに目が留まりました。

わたしは自分の英語に自信はありませんが、外国人の方が電車の乗換や駅の案内板の前で困っていそうだととりあえず話しかけちゃいます。文法どころか単語もわからなくてめちゃくちゃなのは自覚してますが、いつもなんとか

なってます。海外旅行中も同じです。

私をフォローしてくださっている方には彼女のツイートが読めないので、私のコメントを添えてリツイートをしました。文末に@michiko_xxxさんのオリジナルツイートへのパーマリンクを付けています。

こういう人好きですRT @michiko_xxx: @YukariWatanabe わたしは自分の英語に自信はありませんが… http://ht.ly/29sHv

3日後に@michiko_xxxさんがこんなツイートをしました。

スタバで一息ついてたら隣に外国人女性が座った。@YukariWatanabeさんにほめていただいて調子にのり、声をかけてみた。相変わらずめちゃくちゃな英語だけど、とりあえず通じた（半分くらい）。帰りに連絡先を教えてくれた。お友達ができた！わーい！

そこで私が、私のフォロワーさんたちに向けてパーマリンク付きでこんなリツイートをしました。

外国に行かなくても、お金をかけてクラスを受講しなくても、英語が学べてしまう良い例ですね。こういう性格の方は語学習得に向いていています　RT @michiko_xxx: スタバで一息ついてたら隣に外国人女性が座った… http://ht.ly/2a4xt

それからまた8日後、@michiko_xxx さんがこのようにツイートされました。

先日 @YukariWatanabe さんに褒めていただいたスタバで外国人女性に話しかけた件、メールを送ったら返事がきた。また会いたいって！おたがいの言

語を教えあおうって!うれしいー! http://bit.ly/9pwQxh

このようにパーマリンクを使えば、あなたをフォローしている方々にもオリジナルに何が書かれていたか分かるので、誤解が減ります。

140文字以内というツイッターの技術的制約を考慮すると、、RTされたツイートだけを読んでリプライするのは避けたほうが賢明です。というのは、多くの不愉快で不毛な議論が、早とちりから生まれているからです。リツイートを読んで「あれ?」と思ったら、まずオリジナルの発言者のページに行き、その前のツイートを読んで意図を把握してからリプライをしましょう。

トラブルが皆無とは言えませんが、「RTしたらアンフォローする」と怒る方はツイッターそのものに向かないのではないかと思います。というのは、ツイッターはアカウントをプライベートにしない限りは、読む人をコントロールできないし、見知らぬ人にどんどん広まってゆくことが特長のメディアだからです。

▼助け合いと善意の常識

先ほど、「ツイッターは助け合いと善意で成り立っているメディアである。フォローされたらフォロー返ししよう。フォローしている人が困っていたら助け舟を出そう」という勝間和代さんの文章と、それに対する伊藤由貴さん（@electricalPeach）のブログ記事をご紹介しましたが、最近それを思い出させるやりとりに偶然遭遇しました。話題になったので、ツイッターの会話をまとめて共有する「Togetter（http://togetter.com/）というサービスにもまとめられています。

某有名人が他の人と対話しているときに、横から「すみません。ブロック解除の仕方を教えてもらえませんか?」と会話に飛び込んで来た女性に対し、有名人の方が、「ぼくはヘルプデスクじゃないんだけど」と皮肉な返事をされました。

皮肉を言われた女性が、「私はよく助けたり助けられたりしています。ツイッターはそういうところかと思ってました。いろいろな方がいるんですね〜」とさらに皮肉で返したもので、他の人まで加わって泥沼化したというものです。

この絡み（やりとり）は、本来はエスカレートする必要のない「思い込みのすれ違い」

なので、ここでは「どちらがどう」という批評はしません。ですが、「これが、伊藤さんの危惧《きぐ》していた部分なのだな」と思ったのがその女性の次のツイートです。

私の周りではツイッター上の助け合いは普通です。内藤さんの本にも神田さんの本にも、それがツイッターの素晴らしさだと書いてありましたが。

私はツイッターで出会った人に日常的に助けられていますし、「助け合いと善意がある SNS」であって欲しいとも思っています。ですが、相手の都合を考えずに援助を要求するのは「助け合い」ではありません。問いかけたほうにそのつもりがなくても、そう受け取られてしまう可能性がありますので、質問するときには、次のことを心得ていたほうが無難です。

▼分からないことがあっても、そのままツイッター上で見知らぬ人に質問せず、まず、グーグル検索などで調べてみましょう

▼その上で、知りたいこと、助けて欲しいことがあったら、@で親切を強要する

のではなく、「私はこれが分かりません。誰か教えてください。お願いします」とつぶやいてみましょう

▼すると、「助けてあげよう」という人が現れ（ることもあり）ます。そこで長期的な人間関係を作れば、次回からはその人に「こんなこと質問してもいいですか？」と頼ることもできます

▼これまで交流したことのない人に質問するときには、相手がどういう人なのか、職業と専門が何なのか、自己紹介の部分で調べてからにしましょう。現実社会では、面識のない専門家に対して、Googleなどの検索で調べれば分かるような初歩的な質問をしたりはしませんよね

▼相手が忙しい、ということをわきまえておくこと。ですから、返事がなくても失望したり、怒ったりしないこと。人があなたを助けてくれるときには、その人は無料で知恵と時間を与えてくれているのです。それに対する感謝の気持ちを忘れないようにしたいものです

最後に、これを読んでいる間にも、新たにツイッターを始める人がいて、新規の迷信と常識が誕生していることでしょう。他人に迷惑をかけないマナーを尊重しつつ、クリエイティビティを失うような迷信や常識にはとらわれない、自由な繋がりを保ちたいものです。

5章 ストレスなしのツイッター

普段私は、スーパーマーケットで携帯電話に向かって大声で長電話をしている人が嫌いだ、と公言しているのですが、先日夕飯の買い物中、知人の米国人作家からかかってきた電話にうっかり応えてしまい失敗しました。

その作家よりも売れていない同業者が、「あいつ（私にかけてきた電話の主）は盗作している」といった類いのツイートをし続けていてほとほと困り果てている、という話を聴き始めたら、デリーカウンターの前で30分近く長電話してしまったのです。どんどん暗い方向に行くので、私はユーモアを交えた異なる視点も提供してみました。

「そういう人が現れるってことは有名人になった証《あかし》ね」

「そうか。ついに僕も有名人の仲間入りだ」

「そうよ。でなければ嫉妬なんかしてもらえない。ついに努力が報われたってことね」

そのときにはなんとか明るい方向で会話は終わりましたが、彼の悩みはいまだに解決しておらず、ネット世界のリスクを実感しました。

そこで、しめくくりのこの章では、代表的なツイッターのストレスについて語ろうと思います。

TLが全部読めない

実は、ある人から相談されるまで、こんなことで悩んでいる人がいるということを想像だにしませんでした。

私は最初からTLなんて全部読むものではないと思っていたのですが、いろいろ尋ねてみると、全部読もうと努力している人、かつて読んでいた人、のほうが多いのでびっくりしたのです。

浅田一憲さん（@asada0）は、それについてこう説明しておられます。

> 私は、人とつながるときは、その人の現在の悩みや苦労などを、いち早く、敏感に察し、知っておきたいので、TLを全部読みたいと思っています。でも実際は自分が忙しいときが多いので読めていません

とはいえ、私の取材に対するほとんどの方の回答は、@lililium さんのように「今

はもう多すぎてあきらめました」というものです。

TLを読みやすくする方法は、前にも説明したツイッタークライアントの利用ですが、それでもフォローの数が150から200に達した頃に、「読みたいけれど読み切れない」と悩んで諦めの心境に達するようです。解決策は、3つです。
①全部を読みたいのなら、フォローを増やさないこと
②多くの人と交流したいのであれば、TLは全部読めないと諦めること
③流れてゆくTLを全部読むのが義務だと思わないこと
TLを読むよりも、やらねばならない重要なことが世の中にはいっぱいあるのです。

私は自分のツイートを全部読んでいただくことは最初から期待していないので、読んでいただきたいブログ更新のお知らせなどは、朝と夜の異なる時間帯に2回ツイートするようにしています。

一生懸命努力しているのにフォロワーが増えない

「ZakSPA!」の「じわじわと〝ツイッター疲れ〟が蔓延中!?」（2010年7月13日）という特集に、「ツイッターを使って有名になりたい！」と、フォロワー数の増加に励む方のことが載っていました。

その方はツイッター本を何冊も購入してフォロワーの増やし方を勉強し、律儀に実践しているにも関わらず半年間でフォロワー数が180程度なことを憂《うれ》い、疲れ果てているとのことです。申し訳ないのですが、私はこの方に同情するより呆《あき》れてしまいました。

まず、この方は何のために「有名になりたい！」のでしょう？　有名になることにより、現実社会でどのような利益があるのでしょう？　そして、彼は〝フォロワー〟を何だと思っているのでしょう？

自分を有名にするための数だとしか思っていないのであれば、フォロワーが増えなくて当然でしょう。相手のひととなりを知りたい、話を聞きたい、という気持ちがない場合には、それが自ずとツイートに現れてしまうものだと思うのです。

1章でツイッターをパーティに譬《たと》えましたが、この点ではリアル世界の人付き合いとそう変わりません。話が自己中心的な人や、下心がある人は避けられます。

「有名になりたい」とまでゆかなくても、「フォロワーを増やしたい」と熱望する方は多いようです。でも、なぜフォロワーをそんなに増やしたいのでしょうか？

——「数を増やすのが励みになる」

でも、何の励みになるのでしょう？

——「マッチ箱コレクションのような趣味」

マッチ箱が集まらなくてストレスが溜まるなら、趣味を変更するべきでしょう。

——「フォロワーが少ないとツイッターがつまらない」

私は最初の何ヶ月かはフォロワーが100人以下でした。その頃に交流した方たちとは交流の密度が高かったせいか、フォロワーが6000人を超えた今でも特別な親近感を抱いています。

飲みに行くときでも、一対一の会話のほうが楽しいこともあります。いきなり参加者が多い舞踏会に出席しようと思わずに、少人数で会話の練習をしてはいかがでしょう？　それがつまらないのであれば、たぶん他者への興味がない方なのでしょう。そういう方は、ツイッターから得るものは少ないので、すっかりやめてしまっても損をすることはないと思います。

――「ビジネスで影響力を持つためにはフォロワーが必要だ」

これについては4章「ツイッターの迷信と真実」で十分書き尽くしましたが、どんなに面白いツイートをしている人でも、ごく普通の人間のフォロワーが3000とか4000に達するのには1年以上かかるのです。

有名人ではないのにフォロワーが1万人以上いる方は、不自然な方法で増やしたとみなして間違いないでしょう。そういう方に対する猜疑心《さいぎしん》は強くなっており、「フォロワーが多すぎる人はフォローを返さない」という人も増えています。フォロワー数が〝ナチュラル〟な方のほうが信用される、という現象も現れているくらいなのです。むしろ健全なことではありませんか。

自然にフォロワーを増やしたい方は、ゆっくり時間をかけて、自分が交流してみたい人を探しましょう。そして、そういう人に巡り会ったら、「私はあなたの考え方に興味があるので交流したい」と態度で示せばよいのです。

いきなり「あなたの、その考え、おかしいですよ！」と議論をふっかけず、まずは、「私にも、そんな経験があります」「それは私の大好きな曲です」という共感から入ればいいのです。日常生活での会話のように、自然な対話を繰り返すことで人間関係ができ、その人間関係からフォロワーが増えてゆくはずです。

知り合いにフォローされると、言いたいことが書けない

上司や同僚にフォローされると職場の愚痴が書けないし、妻にフォローされると「エロい」ことが書けない。だからストレスが溜まる、という意見が多いようです。前述の「ZakSPA!」の「じわじわと〝ツイッター疲れ〟が蔓延中!?」の特集は、「もともと『自由に好きなことをつぶやける』というのがツイッターの魅力だったはず。身内を気にしてそれが制限されるのはかなりのストレスに違いない！」とコメントしています。

この記事だけ読むと、ツイッターが、自分の発言に責任を持つ必要がない「王様の耳はロバの耳」と叫ぶだけの、お気楽なＳＮＳであるかのような印象を受けます。

しかし、英語での検索や、米国のツイッターベテランの取材から知る限りでは、この種のストレスは英語圏にはないようです。それは、彼らがツイッターを「無責任な発言を許してもらえるＳＮＳ」とはみなしていないからでしょう。自由に利用できるＳＮＳの一種（ツイッター）であっても、日常生活であっても、第三者が目にする場での発言に責任が生じるのは当然だと受け入れているのです。

たしかに、知らない人だから普段言えないことを話したり、悩みを打ち明けたりしやすい、という心理は理解できます。

私の場合は、夫、姉、義兄、元同僚、高校の同級生、洋書の読書プログラムの生徒、生徒の父兄、夫が仕事で交流している方々、と発言に気をつけなければならないような人にフォローされています。けれども、けっこう自由に発言していますし、読まれることによるストレスはありません。

知人や身内にフォローされている私からのアドバイスは次のようなものです。

①「ツイッターは無責任なSNS」という誤解をきっぱり捨て去る
②日常生活での発言と同程度には気を遣う
③この本に記載してあるコミュニケーションのルールを守ったうえで、自由に思ったことを発言する
④日常生活でも、どうせ他人にはいろいろ思われているのだから、いちいち気にしない

これでもまだストレスを感じる方は、不特定多数の人に読まれないようにアカウントを保護（非公開）にするか、もうすっかりツイッターをやめてしまうことをおすすめします。

「やらないと周囲がうるさい」とか、「仲間はずれになる」から嫌々ツイッターをやって疲れる人は、たぶん普段から人目を気にしすぎるタイプなのでしょう。悪いのはツイッターではありません。ストレスなしに生きるためには、抜本的な発想の転換をする必要があります。

友人、知人からアンフォローノブロックされてしまった

半年くらい前のことです。相互フォローをしている方から、ある米国人作家の作品について「版権が空いていれば翻訳したい」という内容のDM（ダイレクトメッセージ）をいただきました。版権を売ることには直接関わっていないのですが、著者と何度かメールを交わしたことがあり、ブログで紹介したことがある作品でした。

著者も望んでいたが困難だった理由と、「それでも興味があるようなら著者に再度確認しますが」といったDMをなんとか140字以内で工夫して返したところ、それへの返事がなかったどころか、即座にアンフォローされてショックを受けたことがあります。

どう読み直しても相手を傷つけるような書き方はしていなかったので、「利用価値がない人間とみなされて切り捨てられたのかな」とも考えて、しばし憂鬱《ゆううつ》な気分になりました。

このように見知らぬ他人からアンフォローされても憂鬱なのに、友人、知人からア

ンフォロー／ブロックされたらさらにショックです。たいていの人は、「なぜ？」「私が何か気に障《さわ》ること、したのかしら？」と本人に直接尋ねることもできず、くよくよ悩みます。

けれども、本人がアンフォローしていないのにフォローが勝手に外れることはよくあります。前の章で触れたように、バグ（コンピュータのプログラム上の欠陥など）のようです。

それ以外にも原因はあります。初心者はよく操作ミスでブロックしてしまうのです。アンフォローとブロックが何のことかよく分かっていないために、うっかり「ブロックする」を押してしまったり、iPhone の操作ミスだったりです。

私が始めた頃にもよく「アンフォローだと思ってブロックしてたよ～」とつぶやいている人を見かけましたが、そんな方の頭の中を読み解けば、きっとこんな風になっているのです。

ツイートが多すぎてTLの他の人のが読めないなあ。

↓

しばらく○○さんのツイートは読めないようにしよう。

←ええっと、どうすればいいんだっけ？　そうそう、アンフォローするのね。

←アンフォローと間違えてブロック

さらに驚くべきミスや強烈な勘違いをしている人もいます。先日ネットで見つけたのが次のような相談でした。

先日友人からブロックされている事に気がつきました。はじめは少しショックだったのですが、何かの間違いではないかとも思いだしました。なぜならば、１日前ですが、フォローリクエストのメールがきていましたし、私から彼女のＴＬは見る事ができます。そして、ブロックを解除しますか?ともでています。（私がブロック解除の権限があるのか?とも思いましたが……）

分かる方にはもうお分かりでしょうが、この方、自分で友人をブロックしたのに、友人が自分をブロックしたと思い込んでいるのですよね。お友達の心境を考えると、そちらのほうが気の毒です。

でも、こういったとき、どうすればいいのでしょう？

①相手が、何度も顔を合わせたことのある友人でかつ初心者の場合は、電話するか、会って話す機会を増やす。そして何かのきっかけに、「ね、ブロックになっているよ。もしかすると、操作を間違えたんじゃないの？」と声をかけてみる

もし相手が本当にアンフォロー／ブロックしたのであれば、そのときに理由を教えてくれるでしょう。

②相手がツイッターのみの友人、またはツイッター慣れしている相手であれば、まずは「操作ミスかツイッターそのものの故障だろう」と気にせず様子を見る

これまで通りに話しかけて来るようでしたら、ツイッターの不良で外れてしまった可能性があるので、いったんアンフォローしてからもう一度フォローしてみます（私もそれで外れていることに気付いたことがあります）。それでフォローを返してこな

かったら、まあそういう付き合いということで納得すれば良いのです。
③あんまりツイッターでの関係に深い意味を持たせない
どうせSNSの世界の付き合いに過ぎません。あれこれ悩む暇があったら、現実社会での関係のほうに情熱を注ぎましょう。

有名人とのツイッター交流

ツイッターを1年以上観察してきて感じたのは、ツイッターとは、一般人よりも有名人のほうにストレスが多いソーシャルメディアではないかということです。

ミクシィは閉じられた世界ですから情報を読む人を自分でコントロールできますし、ブログもわざわざ訪問してまで継続的に読んでくれる人はそう多くありません。ブログの場合は、思考をまとめて書くプロセスで編集されますし、読者コメントから返答までも時間がかかります。

このような事情から、書いている人と読者との間にはある程度の距離があるのです。

つまり、これまでのソーシャルメディアの場合、有名人のイメージが崩れにくいわけです。

ところが、ツイッターには140字の制限があり、リアルタイムで対応しなければなりません。ですからその人の「地」というか、性格が出やすいという特徴がありま す。また、許可を得なくても誰でもフォローできるので、有名人との距離をぐっと縮めてくれます。

有名人の会話を立ち聞きすることができるだけでなく、話しかけたりもできるのですから、多くの人がフォローという形で周りに群がります。そして「フォローを返してもらう」というのがちょっとしたステイタスにもなっているようです。

そして、有名人たちを待ち受けている落とし穴がこの距離の近さです。最初は妙にへりくだっていた人々が、リプライがなかったことに傷ついて悪口を言い始めたり、妙に絡んで来たり。ちょっとした言葉尻をとらえられて議論をふっかけられたり、勝手に期待を膨《ふく》らませておくほうが悪いのに、「つまらんつぶやきばっかりするから、リムって（アンフォローして）やった」なんて言われてたり……。傍《かたわ》らで見ていて、「有名人は大変だ」とつくづく思うわけです。

有名人にも、徹底的に礼儀正しく返事をする人から、まったく返事をしないと決めている人、コメントをつけて発言をリツイート（RT）すると気を悪くする人、「あなたにタメ口きかれる覚えはない」と叱《しか》る人、反論や異論をリプライすると即座にブロックする人、などいろいろなタイプがいます。

「こうすれば絶対に大丈夫」という法則はありませんが、相手が有名人であってもへりくだる必要はありません。けれども、有名人であろうが、無名の一般ユーザーであろうが、常に相手の人格を尊重するべきです。それでも嫌な思いをしたり、有益ではないと思えば、フォローしなければ良いのです。

そもそも、あたなの読んでいるTLはあなた自身がフォローする人を選んで作り上げたものです。この組み合わせは世界にたったひとつしかないユニークなものであり、あなた以外の誰にもこのユニークなTLは読めません。

そう考えると、自分でデザインしたTLにいちいち腹を立てるのが馬鹿馬鹿しく思えてきませんか？　だからこそ、「有益でないと思えば、フォローしなければ良い」

と私は思うのです。

ひとつだけ特記しておきたいのは、一般的に「有名人は多忙」ということです。一般の私たちより付き合う人の絶対数が多いので仕方ないのです。また、何万人もフォロワーがいる有名人が、何十と来る質問やRTにいちいち答えていたら、24時間ツイッターをやる羽目に陥ってしまいます。返事は、最初から期待しないのが一番です。

それに、ネットで検索すれば分かるようなことを@(リプライ)で質問なんかすると、「ググれ(Googleで調べろ)」といった冷たい返事をされかねません。それに対して「何様なのよ」という反応もフェアではありません。

あなただって忙しい仕事の最中に見知らぬ相手が電話してきて、「あなたのよく行くお寿司屋さんの電話番号教えて?」なんて頼んだら、「ごめんね、今忙しいから」とやさしく反応するよりも、「自分で調べろ!」と怒鳴りたくなるでしょう? それと同じ感覚なのですよ。察してあげてください。

他人とどこまで関われば良いのか分からない

北米在住経験者やビジネスで北米人と関わった人ならたぶん感じていることですが、彼らはよく知らない相手にもフレンドリーですし、簡単なことであれば、ビジネス上の助け合いも気軽にします。

その美点がツイッターのようなSNSにも反映しているのですが、土足で踏み込むようなことをしない適切な距離を保ったフレンドリーな関係、あるいはビジネスライクな関係を保つことが暗黙の前提になっているのです。

社会的に責任ある立場にある大人であれば、ジョークを交わすフレンドリーな関係になっても、立入ったことやプライバシーを侵害するようなことは訊ねませんし、相手に性的興味があることを示唆する会話はしません。

日本の社会にはこの〝フレンドリーではあるがなれなれしくない関係〟が存在しないので、ツイッター上でも距離が摑《つか》めない人が多いようです。

取材では、アンフォローやブロックの理由に、「やけになれなれしい」「無視してもしつこくリプライしてくる」と挙げた方が何人もいました。もしかすると、これらはツイッターでの他人との距離の取り方が分からない不器用な人々なのかもしれません。適切な距離感が把握できない人に「ちょうど良い距離を保ちなさい」とアドバイスしても、どの程度が「ちょうど良い」のかよく分からないと思います。いちばん大切なルールは、「親密な仲でないと打ち明けないようなことを質問しない」「アドバイスを求められてもいないのに批判めいた指導をしない」ということです。

次に重要なのは、「相手が嫌がっている気配を感じたら、すぐに謝って、態度を変える」ことと、「自分に関心があるかどうかを訊ねたりしない」ことです。

また、よほど特別な関係でない限り、その人の会話すべてにリプライするのは行きすぎです。では何回までなら良いのでしょうか？　残念ながら、それはケース・バイ・ケースと言うしかありません。相手との親疎や会話の内容によって対応を変えるのは、現実社会のコミュニケーションと同じなのです。

相手が答えてくれないときには、リプライしすぎかもしれません。質問ばかりせず、しばらく「聞き手」に徹してみましょう。その人と第三者との会話のリズムを読み、そこから距離の取り方を学ぶこともできるはずです。

こういった意味では、ツイッターは、現実社会（リアルな世界）で人との関わりを結ぶのが苦手な人にとって、世間ではどんな対応が好まれ、また逆に嫌われるのかを実践を通じて練習できるよいツールかもしれません。

日本独自のツイッター文化

英語でツイッターをしたことがある人はよくご存知でしょうが、英語で140字というのは本当に短いのです。日本語でのツイッターは、同じ140字でも英語より多くのことを語ることができます。それゆえに長所も沢山あります。

そのひとつは、ツイッターで多くの人々を巻き込んだブレインストームがやりやすいことです。「マガジン航」編集人の仲俣暁生さん（@solar1964）が「でもツイッターそのものが、すでに巨大な『座談会』なんだよね」とツイートされたように、座談会として活用できるのが日本独自のツイッターの良さです。

とはいえ、本書4章「ツイッターの迷信と真実」で、日本の常識が迷信に過ぎないことについてお話ししたように、日本独自のツイッター文化にストレスを感じる人が少なくないのも事実なのです。海外在住の方からはよくこういった話を聞くのですが、異国の文化に触れる機会が少ない日本人の方には見えにくい視点のようです。

そこで、「こういう視点もあるのだ」ということを分かっていただくために、4章で触れなかった「日本独自のツイッター文化」、またそれによって発生するストレスについて書いてみたいと思います。

こういうことを書くと、「すぐ『アメリカは……』と持ち出すアメリカかぶれ」と非難する人が（ツイッターでも）出てきます。そこで、日本在住者、そして東南アジアを含むアメリカ以外の外国で暮らす方々も取材し、共通する意見をまとめてみました。

①不遜《ふそん》で女性蔑視《べっし》、あるいは女性に対していきなり見下した態度で話しかけてくる男性がいる

これは私も何度か体験・目撃しています。例えば、女性が「不愉快です」とか「やめてください」と言っているのに、「売春婦」といった罵《のの》り言葉を含む嫌がらせをリプライし続けている男性のツイートを目撃したことがあります。

これは米国では訴訟になり得るハラスメントです。同じ場面を目撃した方のツイートを読むと、ハラスメントをしている人物を面白がって持ちあげていた周囲の男性（これが必ず複数の男性だというのも象徴的）に対してこそ、いっそうの嫌悪感を感じた方も多かったようです。

この種のことは、英語でのやりとりではまず経験しないものです。そこで米国人エキスパートたちの意見を訊いたところ、口を揃《そろ》えて「ネットでそんなことをしたら、訴訟される可能性があるだけでなく、キャリアの自殺行為」と呆れかえっていました。「個人が特定できるツイッターだからそう言うので、彼らも匿名のメディアなら大丈夫だと思っているはず」、というのは誤解です。アマゾンで匿名を使ってライバルの著作を誹謗《ひぼう》していた歴史作家のオーランド・フィゲス（Orlando Figes）が名誉毀損《きそん》罪で訴訟され、非を認めて示談に至った事件もあります。

この例以外にも、海外在住、あるいは在住経験がある女性の多くが、日本には「女性に対して見下した態度をとったり、きつい言葉を投げかける男性が多い」と感じています。

東南アジア在住の洋子さん（仮名）は「（日本人の男性は）日々の生活にストレスを抱いている人が多いのではないか」と同情するものの、「会社や家庭で発散できないからといって、女性に対しそのような態度を取るのは脅迫」と考えておられます。欧米に住んでいる方だけが感じていることではないので、やはり日本独自の「文化・慣習・流儀」ではないでしょうか。

②日本人はディベート（討論）に慣れていないので、討論がすぐに人格攻撃、人格否定の様相を呈する

イラストレーターの本橋ゆうこさんは、ツイッターでの議論についてこんなことを感じています。

議論というのは、必ずしも『どちらかが勝つ、相手を負かす』為にするのではなく、お互いに異なる立場を認めた上で、対等な両者の深い対話を通じて「問題点」を明らかにし、共有するための手段ですね。しかし、日本の場合、その互いの『異なる立場』を確認しようとせずに、いきなり全否定から入ったりするように思います。それも、『だって日本人ならこの位は常識でしょ！』という範囲が凄く大きい

米国では、個人の意見とは必ずしも一致しない（いわば仮の）「賛成、反対」の立場に分かれて討論すること（ディベート）を学校で学びますが、日本人はそういう訓練を受けていません。そのためか、議論が個人攻撃、人格否定と受け取られがちです。ニューヨーク市在住の文芸エージェント、大原ケイさんも、「意見が食い違うと相手の人格否定だと受け取られてしまう」とそれに同意します。

ディベート好きで、スポーツのように楽しんでいるような大原さんが、ブログで「グ

ーグルプリント（書籍をデジタル化して、全文検索の対象にするサービス／引用者注）をめぐって出版業界がやりあっているのは、折り合える点を探すプロレスのようなもの」と書いたら、読者は「目からウロコ！」という反応だったそうです。

「日本人は和を尊《とうと》ぶ風潮があって、普段から討論しないから、いざとなると感情的になるし、ストレスもたまるよね」と書いたら賛同する声も多かったとのことですから、「変わって欲しい」と願っている人は日本の中にも意外と多いのかもしれません。

③インターネットでの匿名性《とくめいせい》による誹謗中傷《ひぼうちゅうしょう》が多い

米国でも匿名性を利用したネットでの嫌がらせで自殺者が出ていますし、韓国では女性タレントが続けて自殺しています。ですから日本だけの問題ではありません。しかし、

「日本は匿名なら何を言ってもいいというところがある」（マユ・マカラさん）

「自由な呟きをするために名前や写真などを伏せないといけない文化」（筑紫心保さん）

「意気地がない。モラルもない。匿名だからといって何でも許されると思っているマ

ナー知らずが多すぎる」（洋子さん：仮名）

といったように、私がこの件について取材した海外在住者全員が、日本のネット社会に匿名性が強く、誹謗中傷が多いと感じていました。

日本に住む日本人と海外在住の日本人との視点の差は、経験から生じるのかもしれません。海外に在住し仕事をする日本人は、個人としての責任を追及される厳しい環境に置かれるだけでなく、日本や日本人のイメージに傷をつけないよう言動に気を遣います。

家庭でも学校でも職場でも、「世間」が幅をきかせ、完璧であることが求められる日本の生活は、ある意味では、海外在住者よりも不満やフラストレーションが溜まりやすいのかもしれません。けれども、不満解消のために「匿名」という安全な場所から他人を気軽に傷つける行為は、日本人が誇りにする「潔《いさぎよ》さ」とは対極ではないでしょうか。

「2ちゃんねる」などの匿名掲示板での「晒《さら》し問題」など、被害にあった人の精神的打撃は大きく、自殺にまで至らないケースでも心に傷を残します。ツイッターでも、利用人口が増えるにつれ、有名人のほんのちょっとした表現を故意に悪く解釈してRTで広めることが見られるようになりました。

ただし、掲示板と比べると即時性の高いツイッターでは、その嫌がらせも数日で忘れられて長くは続かない良さがあるようですが。

④皆と同じことをしなければならないという思い込みが強い

在米の筑紫心保さんは、「日本で生きていて、日本人だけに囲まれていると他人がどう思うか？ということがメインの悩み事になる。それはそれで辛いと思う」と同情を示す一方、そんな同調圧力にストレスを感じているはずの日本人が、わざわざ自分のツイートのあらさがしをすることに迷惑を感じています。

取材では、140字で言えることの限界を知りながら「あげ足とり」をする人が多いことを指摘する方も多くいました。こういったことは、ツイッターをする日本人が少なかった頃には日本語ツイッターでも経験しなかったことですから、「皆がやっているから」といって始めた方々が、日本語ツイッター全体の雰囲気を変えているのかもしれません。

繋がり方の男女差

先に「議論」について書きましたが、これには男女差がありそうです。

ステレオタイプは嫌いなのですが、神経精神科医ローアン・ブリゼンディーンの“The Female Brain”(邦訳『女は人生で三度、生まれ変わる』草思社)、“The Male Brain”(邦訳『男脳がつくるオトコの行動54の秘密』ＰＨＰ研究所)や、神経科学の教授リース・エリオットの“Pink Brain, Blue Brain”などによると、脳を研究している科学者の間ではホルモンが原因と見られる男女の脳機能の差異、またその結果としての行動の差異は定説になっているようです。

ブリゼンディーンによると、エストロゲン(女性ホルモンの一種)が支配する女性は、子供の頃から調和のある人間関係を維持することにつとめます。幼い少女が遊びのときに「……しようよ」と提案するのは、話し合いで妥協点を探る姿勢です。

でも、テストステロン（男性ホルモンの一種）が支配する男の子の脳は、言語をそのようには使いません。命令、自慢、脅迫、相手からの提案の却下、といった言語の使い方をします。

私がフォローしている数千人の方のツイートをランダムに眺めていると、この男女のコミュニケーションの差を感じることがよくあります。

女性はツイッターに共感を求め、対立の気配が感じられたら、気まずい状況を避けるために自主的に冷却期間をもうけたりしています。けれども、男性の場合は、自分の面子の擁護（地位保全）のために闘う衝動があるように見受けられます。

この差がときおり、摩擦を生んでしまうのです。「そうそう、私もそうなの」程度の同意を期待している女性のツイートに、自分の優れた知性や地位や権力を証明したい男性が突然議論をふっかける、というケースがけっこう見られます。また、その反対に、男性が単に「こういう考えもあるのでは」と言っているだけなのに、受け取る女性の方が過剰反応して、「一方的に意見を押しつけられた」と憤慨しているケースも見られるのです。

もちろん誰もがそうだということではありませんが、こういった男女差を考慮すると、対話をするときの誤解や摩擦が少なくなるかもしれません。

個人攻撃的なリプライと議論

本書を書くための取材で質問したほとんどの方が、「激しい口調のリプライ」や「個人攻撃的な議論」を経験しており、これがストレスの最も大きな原因（ストレッサー）になっているようです。

中高生の頃からパソコン通信でニフティサーブや草の根BBSを使い、ツイッターも2008年7月から始めたという、ネット経験が豊富な @yoh7686 さんは、「ネット上の書き込みで始まった議論が言い争いになり、多くの人を巻き込んで誹謗中傷合戦のようになってしまうというのは NIFTY の頃から散々体験してきました」と体験を語っておられます。

社会人を体験してから大学院で法学を学ぶ久保勇二さん（@Jv_forrestal）のように、

「ツイッターではディベート、議論、論争はできない」と考える人は少なくありません。私も最近そう思うようになりました。140字で「AもBも可能だが、それでもCの場合があるので、Dという結論に達した」と説明するのは不可能なので、どうしても見出し程度のことしか書けません。

すると誤解されやすく、誤解を解こうするとさらに泥沼にはまりこみます。ですから、主張はブログに詳しく書き、ツイッターはそこに誘導するツールとして利用するのがおすすめです。

ブログを持っていない方も、どうせ議論をするのであれば、この際無料のブログがありますから、意見をまとめるためにも始めてみてはいかがでしょう。

ライブドアブログ：http://blog.livedoor.com/guide/index_011.html

はてなダイアリー：http://d.hatena.ne.jp/guide/

Seesaaブログ：http://blog.seesaa.jp/contents/about/index.html

(「ブログなんて面倒なことをしたくないからツイッターをやっている」という方は、後述のアドバイスをご参照ください。)

とはいえ、私とて、こんな風に人に語れるようになるまでに、精神的な疲弊と時間の浪費を伴う、不毛な議論をいくつかは経験してきたのです。ですから、結果が予期できていても吸い込まれて抜け出せない、実りなき議論のブラックホール、その引力の強さはよく知っています。

議論をふっかける人の目的の多くは、「おまえが間違っていて、私が正しい」という結論を導きだすことですし、ふっかけられたほうは、自分の意見を誤解あるいは曲解している相手に「はい、そうです」とは口が腐っても言いたくない。だから、相手の誤解を正すのです。

議論をふっかけたほうは、たとえ自分のほうが間違っていると分かってもいまさら謝りたくないから、角度を変えて攻撃する。どちらも相手に「私が間違っていました」と認めさせたいので、いったん始まったらなかなか終わらないだけでなく、観客を巻き込んでどんどんエスカレートしてゆきます。

こうした不毛な論争に巻き込まれてしまったら、まず深呼吸をして次のように自問してみましょう。

①「この議論により、私と相手は何を得られるのか?」
たぶん相手を言い負かした満足感。
②「この論争を通して価値あるものを得られる可能性は?」
ほぼ、ない。
③「この議論で失うものは?」
貴重な時間と心の平和。オマケで得るものは、たぶん自己嫌悪。
④「得るものと失うものを比較した場合、どちらが重いか?」
失うもののほうが大きいのは疑いもない事実。

これに合致するパターンであれば、即座に「申し訳ありませんが討論に費やす時間はないので失礼します」と議論を中止します。相手がずっとリプライし続けてもかまわず無視しましょう。

それが難しいのであれば、心が静まるまでしばらくツイッターを離れて〝リア充〟(現実社会での生活を充実させる)に励む、という手もあります。現実社会で頑張ると、ツイッターでの摩擦が馬鹿らしく思えてくるものです。

ただし、①の答えが自己満足などではなく、「自分に見えなかった視点を教えてくれる」という建設的な討論である場合は事情が変わってきます。自分を正当化するだけの態度や口調を捨てて、相手から知恵を学べるような質問にに切り替えれば、議論とその収穫の方向が変わるかもしれません。

また、相手にあなたから知恵を得たいという真摯《しんし》な姿勢が見えたら、「ツイッターで深い議論をするのは無理がありますから、もしブログをお持ちでしたら、私もブログのほうに考えをまとめて書きますので、あなたも書きませんか。それまでお待ちください」と提案してはいかがでしょうか？

議論のテーマがこれまですでに書いていることと重なるのなら、そこに（ブログのURLなどを示して）相手を招待します。その人が読まなくても、少なくとも、討論を傍観している人々には理解してもらえるでしょう。

私も経験したことですが、提案してもブログ記事を読まずに反論を続ける人がいます。そういう場合には建設的な討論のできる相手ではなかったということですので、早めに「失礼します」と討論を打ち切ります。相手が何を言ってきても、涼しい顔で反応しないことを「スルーする」と言いますが、多くの場合はこれが最も賢明で効果的な方法です。

ここで重要なのは、「失礼な（愚かな）相手を罵《のの》りたい」という原始的な衝動と闘うことです。ツイッターの良さは、論争を無視すれば鎮静《ちんせい》するのも早いことです。最大の敵は自分の衝動なのかもしれません。

自己顕示欲の功罪

ツイッターで議論をふっかけてくる人には、本当にそのテーマで話し合いたいと思っている人と、それ以外の動機がある人がいます。

先の「ZakSPA!」の特集で、「ツイッターを使って有名になりたい！」という人が「『フォロワー数の多い大物に絡めばフォロワーは増える』と書いてあったので、有名人に絡みまくった」と語っています。

「こうすればフォロワーが増える」といった記事やセミナーの困ったところは、ハウツーの部分ばかりを強調し、「なぜツイッターをしたいのか?」「なぜ有名になりたいのか?」という重要な自問をさせないところです。ですから自己顕示欲を満たすことがツイッターの目的になってしまうのです。

ツイッターは、会話を交わす当事者以外もそのやりとりを読むことができます。有名人には常に大勢のギャラリーがいますから、彼らに絡んでうまく怒らせ、言い合いになれば、短期間でも有名人と同等の立場になった気分を味わえるわけです。たとえ相手が有名人でなくても、他人が見ている場で討論するのは、(前述の精神科医の説を信じるならば)男性にとって闘う衝動を満たし、ひいては征服の喜びを与えてくれる魅力的な機会なのでしょう。

しかし、睡眠不足になり、家族や友達と過ごす時間を削り、絡んだ相手を怒らせ、嫌われ、そうまでして1日ほど有名になったところで、現実世界の自分が何を得ることができるのでしょう?

ここでしっかり自問し、答えを得ることができた人は、きっとこれまでよりもストレスが少ない有意義なツイートができると思います。

思わぬ一言が誤解を招く

これも制限字数140字特有の悩みです。言いたいことを短くまとめなければならないので、どうしても「行間を読む」というか、そこに書かれていないことまで想像することを要求されます。

各自の想像力の差もさることながら、生まれ育った環境、専門知識、体験の有無により想像できる範囲にも限界があります。当然そこで、行間を読み違えたり、深読みしすぎたりするケースが発生します。ツイートした本人にはまったくそのつもりがないのに、自覚的に選んだ言葉の真意を読み違えた人から激しい攻撃に遭《あ》うことがあります。

私がリアルタイムで目撃した例です。

後藤隆昭（@ryu_）さんは、ツイッターの自己紹介で本名だけでなく「内閣府の防災担当」と職業を公開しておられる、日本のネットでは珍しいユーザーです。「言うまでもなくすべて個人的見解」と、公《おおやけ》ではなく私の立場でツイートしていることも明記されています。

アイコンが愛車Manhattan P700の後藤さんは自転車通勤族ですが、ある日、自転車が盗まれてしまいます。予備を修理して乗り始めたら、その自転車が渋谷でパンクしてしまい、やむなくそこに駐車していたところ、たまたま撤去日に当たって回収されてしまいました。不運の上に不運が重なり、自転車通勤が不可能になった後藤さんは、次のような一連のツイートをされました。

そろそろ出撃なう。しばらくの間は歩兵やります

騎兵隊は馬から降りると弱いですね

歩兵満載の満州鉄道で前線へ。この満員感がだめ。早く騎兵に戻りたい

これまでのいきさつを読まなかった方が、流れゆくTLの中でこの最後のツイートを目に留め、後藤さんが霞ヶ関のお役人であるゆえに「満員電車にゆられる通勤客を『歩兵』とみなしている」、と批判をするリツイートをされました。

それを読んだ別の方も、「騎兵の給与は、歩兵の収めている税金でまかなわれていることなど頭の隅にもないのかな」と批判に加わりました。

普通の人なら、頭から湯気を出して、「そんなつもりで書いていないのに、よく読んでから書いてください。失礼な！」というリアクションをしてしまうのではないでしょうか。ですが、後藤さんの対応は予想外でした。

なるほど。選民思想と取られるとは想定外でした。ご指摘ありがとうございます

批判的なツイートをされた方も、根本的に誠実な方です。後藤さんの返事を読んでから過去のTLをさかのぼり、自転車が盗まれたいきさつなどを理解されます。

「POSTを直接拝見したわけでなく、誤解してしまい、失礼なことを申し上げてしまい、大変失礼しました。お詫びいたします」と、素直に謝罪されたのです。この誤解の締めくくりは、後藤さんの次のツイートです。

いずれにせよ、こういう批判が聞けるのもついったーのいいところです。考えさせられるツイートでした。改めて感謝致します

この締めくくり方は、本書3章で引用した後藤さんの言葉と重なります。「自己をオープン化することで行動を律することができるようになった」と私は納得したわけです。

後藤さんの対応からは次のような重要な対話のスキルを学ぶことができます。

①反射的に「怒り」で対応しない

誤解が生じたときの最初のリアクションは、よく読まずに批判する相手への「怒り」

です。でも、それをぶつけてしまうと、相手も自己防衛的な反応をする衝動にかられ、諍《いさか》いがエスカレートします。

②相手の視点をまず受け入れる

批判を人格否定と感じる人は多いので、いきなり「あなたは誤解している」と切り出した場合の自然なリアクションは「自己防衛」です。「もしかしたら自分が間違っているかも」と思っても、謝りにくくなります。けれども「なるほど、そういう誤解を受ける可能性はありますね」とまず相手の視点を認めてあげると、相手は異論を受け入れやすくなります。

③その視点が誤解から生じていることを、相手に発見させる

「（そのように受け取られるとは）想定外でした」には、受け取り手に誤解があることを示唆するニュアンスがあります。ここでちゃんとした相手であれば、ＴＬをさかのぼって、元来何の話であったのかをチェックし、自分が誤解していたことを悟ってくれるでしょう。「ご指摘ありがとうございます」は非を認めているのではなく、相手に誤解を見つけるゆとりを与えてあげる表現なのです。

④相手が謝ったら、高圧的ではなく、自分の学びとして謙虚に対応する
「誤解して大変失礼しました」と謝る人も、なかなか出来た人物です。そのように対応してくれる方には謙虚に対応することで、今後の関係が良くなります。

職場で嫌なことがあったときや虫の居所が悪いとき、つまらない誤解から不愉快なやりとりが生じることはあります。私にもそんな体験がいくつかありますが、それをきっかけに以前より親しくなったこともあります。一度の誤解で人間関係を諦めてしまうのはもったいないと思うのです。

討論が苦手な日本人におすすめのツイッターマナー（再録）

ここで思い出していただきたいのが本書1章での「パーティでの心がけ」です。

実は、パーティの席での心がけも、ツイッターで討論をするときの心がけも、「摩擦が少なく、得るものが多いコミュニケーション」を目指す意味では似たようなものなのです。以下箇条書きしましたが、詳しくは1章に譲ります。

▼相手が誰であれ、対等に、敬意を持って接する
▼ツイッターを始めた目的が何であれ、それを相手に押し付けない
▼反論や異論を述べるときには「あなた」ではなく「私」を主語にした文体にする
▼中傷、誹謗はしない。また、そう取られる可能性がある表現を避ける
▼相手の視点をまず、認める
▼たとえ自分のほうが正しいと思っても、しつこく相手を論破／説得しようとしない
▼他人の話に耳を傾ける
▼自分なりのコーピングを用意しておく
▼ツイッターをする理由を自問する

コーピング

「個人攻撃的なリプライと議論」や、「思わぬ一言が誤解を招く」ときの対応については既に述べましたが、誠実に対応してダメだったときには、次のようなコーピン

グを準備しておくと便利です。

1章の「パーティでの心がけ」で心理ストレスに対するコーピングをご紹介しましたが、ここで具体例をご説明します。

①「仏の顔も三度」ルール
誤解が原因で反論されていると感じた場合には誠実に説明し、それでも相手が理解しようとしない場合には三回までは試みてその後はスルー（無視）、というものです。私は、三度対応する暇《いとま》がないと悟ったので一度に変えましたが。

②スルーする
議論が嫌いな方は、敵意ある絡みを最初からスルーする手もあります。

先ほども触れましたが、ときには「何も言わない」のが最も効果のある対策です。双方にフォロワーが多い場合は会話を見物している人がいますが、それ以外の場合は、あなたさえ反応しなければ行き違いがあったことさえ分かりません。一番良いのは、ツイッターを離れてしまうことでしょう。そうすれば自分自身が読まないので、頭を冷やすことができます。

③冷却期間を置く

上記の続きで、ほとぼりを冷ますために冷却期間を置きます。ツイッターは即時性が強いため、24時間前のツイートはすでに過去のものになっています。議論を長引かせると、ツイートをまとめて共有するサービスの「Togetter」などにまとめられて後々まで残る可能性がありますが、さっさと打ち切ったものは見物人にとってつまらないので、すぐに忘れてもらえます。

④気分転換するために、いつも楽しいおしゃべりをしてくれることが分かっているユーザーと明るく、軽い話題を楽しむ

ツイッターでの言い争いなんて、所詮《しょせん》それだけのことです。嫌な気分を長引かせるのは損ですから、気分転換をしてしまいましょう。

⑤アンフォロー／ブロックする

アンフォローはマイルドな拒否で、ブロックは「読まれたくない。声をかけられたくない」という意思表示のようなもののようです。

アンフォローをしても相手はあなたのツイートを読むことができますが、ブロックされた人は読むことができません（まあ、別のアカウントを作って読むなど方法はいくらでもあるのですが）。

攻撃的な人、変な絡み方をしてくる人、言葉尻をとらえて反論する人、ストーカー、商魂たくましすぎるアカウントなどに対しては、ブロックが一番良い方法だと私は考えています。

ただし、たまには逆効果になることもあるようです。

２０１０年４月、ツイッターを使ったフジテレビ系のドラマ「素直になれなくて」の原作・脚本を書いた北川悦吏子さんに関するツイッターが「炎上した」した事件がありました（「炎上」という言葉は、元はブログのみで使われていたもので、多数の批判的、感情的なコメントが寄せられて対応できなくなる状態を表します）。

簡単にいきさつをまとめます。まず、２月にツイッターを始めたばかりの初心者の北川さんが、４月から放映のツイッタードラマの脚本を書くことに疑問を感じる人々がいました。次に、懐疑的な雰囲気がすでにある程度広がった段階で放映された第一話に対し、「ツイッターは出会い系SNSだという印象を与える」「題材を知らずに書いている」といった意味の批判が出てきました。それに対して北川さんが、「ツイッター知ってることって、そんなにすごいのか？（このツイートは現在では削除されています）」といった一連のツイートをされたことをきっかけに批判のリプライが殺到したのです。

反論のリプライをして北川さんにブロックされた人が、その人のフォロワーに向けてツイートし、さらに話題になった事件でしたが、今は鎮静化しています。

私は海外在住でドラマも観ていませんし、北川さんをフォローもしていないし、この件に関して個人的な意見はありません。

けれど、北川さんに同情するのは、彼女が有名人であったことです。一般人は初心者のうちはフォロワー数が少ないのでうっかり発言をしてもあまり気付く人はいないし、失敗しながら学ぶことができます。その点、有名人には試行錯誤がしにくいものです。

特にツイッター人口が増えてしまった現在は、有名人に失言が許されないようになっています。また、ブロックという行為が公の目に晒《さら》されるというのも一般人との違いで、ファンを相手にする人気商売の場合にはブロックが逆効果になることがあります。

この事件からの教訓は、場合によっては、スルーする（無視して対応しない）のが賢明だということです。先に述べたように、返答さえしなければ他のフォロワーたちにはどんなリプライが寄せられているのか分かりませんし、ツイッターは即時性が強いので「炎上」しにくいのです。

しかし、250ページで詳しく説明するように、私は「スルー」だけでなく「ブロック」にもおおいに賛成なのです。

私はこれを数々の苦い体験から学んだわけですが、これからツイッターを始める方は、あらかじめ、「個人攻撃的なリプライと議論」（224ページ参照）の対応と、本項の①②③④⑤の対応は読んでおいてもらえると、きっとお役に立てると思っています。

2章の「ツイッターデビュー」で、「始める前に勉強するな」とアドバイスしましたが、「安全対策」として、対人関係のマナーだけは最初から心得ておいたほうが良いと思うのです。

ネット恋愛

本章224ページでご紹介した@yoh7686さんはこれまでのSNSで、直接ではなく間接的に、ネット恋愛から端を発するトラブルに巻き込まれてきたようです。

これまでにあったミクシィなどのSNSはツイッターより匿名性が高く、年齢、社会的地位、性別詐称《さしょう》から、ネットストーカー、複数同時進行など、恋愛がらみのトラブルパターンもいろいろあったようです。

ツイッターでそういう経験が少ない原因に関して、「ツイッターはDM以外の会話はオープンになりやすいので、そもそもオープンに恋愛関係になる事そのものが少ない気がする」と@yoh7686さんは分析しています。それでもやはり、ツイッターの場でもネット恋愛のトラブルはあるようで、今回の取材でも、被害を受けた方が何人かいらっしゃいました。

ツイッターのようにオープンなソーシャルメディアでもネット恋愛をしたいと望んでいる方は、リアル世界で素敵な恋愛ができないか、既婚者の場合は伴侶を大切にしていない人ではないかと思うのです。

そもそもネット恋愛なんて「こうありたい」という願望同士の繋《つな》がりですから、現実ではあり得ない恋愛を描いたハーレクインロマンスのようなものです。ハーレクインロマンスが退屈なのと同様で、間接的であっても私はネット恋愛に関わりたくはないのです。ちょっと冷たいようですが、そういった人々を見かけたら、「そんな暇ないので、私を巻き込まないでくださいね」と逃げ出します。

当事者はスリルを楽しんでいらっしゃるのでしょうから、（後で嫌な思いをする可能性を含め）自己責任の範囲であればそれも自由だと思います。でも、せめて周囲には迷惑をかけないでくださいね。

ただし、片思いがエスカレートしたストーカー行為となると話は別です。DM（ダイレクトメッセージ）で写真を送ってきて「携帯電話の番号を教えてくれ」とか、「なんで返事をしてくれないの？」としつこく催促をしたり、相手にしてくれないと分かると、他のフォロワーまで巻き込んで誹謗中傷を始める、といったものです。

私の取材では、女性だけでなく男性でもこの種の被害に遭っています。ネットでは、甘えさせてくれる人を探している人が多いので、異常になれなれしくしてくる人がいたら、早期から議論をふっかけてくるような人と同様の対応をすることをおすすめします。本章の「個人攻撃的なリプライと議論」をご参照ください。

アカウント乗っ取りに気をつけよう

フォローしている人から下記のようなリンク付きの英語のDMが来ることがあります。

Hey, I just added you to my Mafia family. You should accept my invitation! :)
Click here: http://…

特に初心者で英語が読めない方が騙《だま》されやすいようです。知人や友人から来たDMなので「英語で送るなんて、ジョークかな?」と思い、「とりあえず押してみよう」とリンクを押してしまう人がいます。

リンク先に現れたPlayなどをクリックするとツイッターの画面が出てきます。その画面の「Allow」をクリックすると、API（あるソフトの機能を別のソフトから利用するための命令。OAuth《オーオース》は、その認証の際にツイッターで使われる規約）を許可（Allow）したことになり、あなたのアカウントが乗っ取られて、そこからすべてのフォロワーに、引用したような英語のDMが送られます。

これ以外にもいろいろなスパムDMがあります。たとえ友人からであっても不可解なリンク付きのDMが来たら押さずに削除しましょう。

「重要な内容だったらどうしよう?」と悩むのであれば、送った人に「何か送りましたか? 英語が読めないので分かりませんでした」と質問してみましょう。もし重要な内容だったら、そこで教えてもらえます。

APIをすでに許可してしまった場合には、「設定」で「連携アプリ」をクリックし、

「許可した連携アプリの一覧」から自分が許可していない連携アプリの「許可を取り消す」をクリックして削除します。その後、念のためにアカウントのパスワードを変更します。

スパムDM以外にも「心理テスト」や「ツイッター判定」をしてくれるサイトで同様のAPIの許可を求められることがありますが、信頼できるサイトでない限りはアカウントを乗っ取られることになりますから許可してはなりません。

本人に悪意がなくても、迷惑行為を繰り返すアカウントは、スパムDMを受け取りたくないのでアンフォローされてしまいます。注意しましょう。

自分の環境を管理するのは自分である

2010年5月10日にツイッターを開始された糸井重里さん（@itoi_shigesato）の自己紹介は、「自分の環境を管理するのは自分である」という理念を見事に象徴しています。

こんな姿勢でやっていこうと思います。〈みんななかよく5つのやくそく〉
1とげとげしいことばは、なしよ。2だれがただしかろうが、なにがただしかろうが、ただしくないことも、ありよ。3やすみたいとき、やすむのありよ。4だまっていたいときに、だまっているの、ありよ。5beたのしくね。

この本で長々と書いてきたことを140字以内にまとめられてしまって、「まいった」という感じでした。

まず素敵なところは、「ツイッターではこうするべきだ」と他人に押し付けていないことです。糸井さんの「こんな姿勢でやっていこうと思います」という「やくそく」を受け入れたくない方はフォローしなければ良いし話しかけなければ良い、それだけのことなのです。

けれども、自分と意見が合わない人を見かけたとき、人が最初に覚える衝動は「相手の意見を変えること」です。ですから、放置しておけなくて、相手に文句を言ったり、論破しようとしたりします。

とくに有名人に対して、最初から喧嘩《けんか》腰で絡んでいる人をよく見かけます。また、言い間違いを見つけて鬼の首をとったように指摘したりする人も。こういったユーザーたちに対しても、多くの方は誠実に対応されています。そのあげく、対応に疲れてブロックすると非難されるのですから気の毒です。私は、有名人を含め、ユーザーひとりひとりに自分のツイッターの環境を管理する権利があると信じています。

不愉快なリプライをするユーザーをブロックする有名人に対し、「批判に耳を傾けず、賞賛の声だけを聞く『裸の王様』だ」という批判もあるようです。けれども、周囲の人が心配してあげなくても、彼らには、十分に批判される機会があります。優れたアスリートたちが、過剰に賞賛され、次に過剰に中傷されて潰《つぶ》されてきたことは誰でもよく知っているはずです。誹謗中傷にいちいち耳を傾けることが、その人が向上するために有益だとは私には思えません。

批判の応酬や反論から生まれる発見などに期待を抱く人は、反論するユーザーもフォローし続ければ良いし、時間とエネルギーを消耗するだけで無益だと感じる人は、ブロックしてもかまわないと思います。その方針はひとりひとりの「勝手」であって、他人がとやかく口を出すべきものではありません。

自分がフォローしたユーザーのツイートが並ぶTL（タイムライン）とリプライ／リツイートは、私にとって自宅でのホームパーティのようなものです。私のTLを読んで「わが家の雰囲気」が気に入らなければフォローしないでくれれば良いのですが、そういう方に限って土足で踏み込んできます。わが家のホームパーティの雰囲気を守るためだと思えば、ブロックに罪悪感は覚えません。

ホームパーティという比喩がしっくりこない方は、iPodのプレイリストや、自宅の本棚を想像してみてください。どんな音楽を聴き、どんな本を読むのかはそれぞれの勝手です。また、それらには「私が選んだ」という特別な愛着があります。読むツイートも同じではないでしょうか。

これからのツイッターは、フォロワー数なんかよりも、自分のTLの環境を整えることにプライドを感じるべきではないかと思ったりもします。

すべての人から愛されることはない（し、愛する義務もない）

私の発言の意図を曲解して批判する相手に、何度も弁明のツイートをしてしまうのは、「すべての人から好かれたい」という愚かな自己愛があるからかもしれません。つまり、誰からも好かれたいので期待される行動を取ろうとするし、誤解されるとイメージを修正したくなる、という心理です。

でも、冷静に考えれば、「誰からも愛され、認められる」のは不可能です。

また、私の意図を理解する努力をせず、一方的に自分の意見を押し付けてくるユーザーを好きでいることも困難です。現実社会（リアルな社会）での人間関係に費やさねばならない時間とエネルギーを維持するためにも、このツイッター交流に時間の無駄遣いはできない、という結論に達します。

ストレスなくツイッターを続けるためには、「すべての人を愛し、愛されることはない」という悟りが肝心のようです。

なかなか実行は難しいのですが、「あなたのここが駄目」と指摘されたら、自省はしても、もしそれが何度も繰り返されるようなら最終的にはスルーし、他方、アンフォローやブロックをされても、「ご縁がなかったのだな」と軽く受け流す術《すべ》を身に付けたいと思っています。

ツイッター中毒

２００９年12月14日、米国フロリダ州で、シェリー・ロスという若い母親がツイッターをしている最中に、２歳児の息子が自宅のプールに落ちて溺れ死ぬという事件がありました。

ロスは、母親ブロガーコミュニティでは名前が知られた人気ブロガー／ツイッターユーザーだったということです。５０００人を超えるフォロワーがいたロスは毎日多くのツイートをしており、その日も飼っているニワトリについてツイートしていました。それらのツイートをした午後5時22分の1分後に、彼女は2歳の息子がプールの底に沈んでいるという救急コール（911）をしています。

その後問題になったのは、午後6時12分にロスが再び「かつて祈ったことがないほど一生懸命祈ってください。2歳のわが子がプールに落ちました」とツイートし、5時間後に「私のミリオンダラーベイビーを偲《しの》んで」というツイートとともに亡くなった息子の写真をツイッターに投稿したことです。

この悲劇の後、ツイッターには「わが子が生命の危機に面しているときにツイートするなんて、なんという母親か！」「ツイッターなんかしていないで子供の面倒をみていたら、こんな悲劇は起こらなかったはず」といった批判が溢れました。

それに対して、「子を失った悲劇の中でバーチャルコミュニティに心の支えを求めただけ」という擁護派が現れ、マスコミとネットで大論争に発展したのです。

どんな理由であれ、子供を失った母親を攻撃する気にはなれませんが、私をぞっとさせたのは、批判が高まった後のシェリー・ロス自身のツイートです。

私を攻撃している人たちは、自分のブログに注目を集めようとしているだけだ

これは、ブログの訪問数やツイッターのフォロワー数の競争にすっかり心を奪われているネット中毒者でなければ考えつかない発想です。それにさえ気付かないのは、彼女の客観性や平常心がすっかり失われているということでしょう。

どこからツイッター中毒で、どこまでがそうではないのか、その線は引きにくいと思います。けれども、今回ランダムに尋ねた方々の多くが「やや中毒気味」から「中毒」と自己申告したのは興味深いところでした。

ツイッター中毒者の体験談を検索で探すと、けっこうあります。その中に、実験的に始めたら中毒になってしまった大学生のケースがありました。ブログ中毒になる心理を時系列に沿って書いてあり興味深かったです。その方はこんな風に体験をまとめています。

Twitterがどのようなサービスなのかを調べようと思って使い始めたら、すっかり中毒になってしまった。24時間Twitterのことばかり考える。Twitterのために生きているようなものだった。こんなにはまったウェブサービスは他にない。

ツイッターにはまりこむステップはこのようなもののようです。

①どんなものか試してみよう、と始める
②独り言をつぶやくが、誰からも反応がなく、寂しい
③誰かが「おはよう」と声をかけてくれただけで舞い上がるほど嬉しい
④初めてRTしてもらうか、あるいは「ふぁぼったー（favotter）」に自分のツイートをふぁぼってもらい、嬉しくて「次にはどんなことを書こうか」と意欲を燃やす
⑤日常生活のすべてを、うけるツイートを書くための材料としてとらえるようになる

ネットには「ツイッター中毒チェッカー」といったものもありますが、的を射ていなかったので、いろいろな方の話と観察から以下に中毒チェッカーを作ってみました。

10以上あると、やはり危ないのではないかと思います。そして、最も深刻なのが最後の項目です。ここまでくると、きっぱりやめるべきでしょう。

▼起床すると、まっさきにツイッターをチェックする
▼就寝直前にすることがツイッターである
▼外出先でもiPhoneなどで常にチェックし、ツイートする
▼「チェックするだけ」と自分に言い訳しながらも、面白いツイートがあるとRTや@でコメントせずにはいられない。そして、そのままずるずる何時間もしてしまう
▼@やRTされたMention（自分のツイートがRTされたり、自分のアカウントが言及されたりすること）に何も入っていないとがっかりする
▼Mentionに何もない状態が嫌なので、そういうとき常に返事をしてくれるbotをフォローする
▼家族、友人、恋人と過ごしているときでも、それをツイートすることを考えている
▼リアル世界での自分の言動を、常に頭の中で140字に編集している

▼ツイッターをしていない人にツイッターを批判されると、腹が立つ
▼深夜もツイートし、気付くと起床時間になっている
▼夜、ツイートしているうちに入眠している
▼夜中に目が覚めると「目が覚めたが、二度寝する」とツイートせずにはいられない
▼趣味に費やしていた時間まで割いてツイッターをしている
▼ツイッター上で他人にどう見られているかのほうが、日常生活での評価より気になる
▼日常生活よりもツイッターをしているほうが面白いと思う
▼日常生活を創作し、やってもいないことを、うけるためにツイートするようになる
▼リアルの友人、知人にフォローされるのが嫌になる
▼140字以上の長文を読む集中力がなくなる
▼現実社会での人間関係や仕事、勉強に悪影響が及ぶ

「いつでもやめられる」と言いつつ実際にはスクリーンの前から離れない人もいるでしょうし、「やや中毒気味かも」と感じている人でも、ちゃんと実生活を破綻なく過

ごしている方もいらっしゃいます。要は客観性の問題なのかもしれません。中毒になる心理を自分の中に察知して笑い飛ばす客観性と余裕があれば、深刻な中毒状態に陥らずに、ツイッターと付き合ってゆけるのではないか。そんなことを思っているときに、次のようなツイートを見かけて笑わせていただきました。

今日研究室でバスケしたら後輩が脱臼《だっきゅう》した。「バスケで後輩が脱臼なう」とつぶやこうと思ったけど自重した。俺エライ

自分のツイッター的リアクションを自覚しているところが「エライ」のですが、それを後でツイートせずにいられないところがやはりツイッター心理だなあと。

私もツイッターの楽しさを知り始めた2009年の夏に、ナンタケット島のビーチで「一石二鳥」と散歩をしながらツイートしていたら、子供たちが掘った直径2メートル以上の巨大な穴に気付かず、落ちそうになったことがあります。我ながら情けないと思いつつ、それをツイートしたのですから、同じ穴の狢《むじな》です。でも、自覚がある

から深刻な中毒にはならずにすむような気がしています。

そこで「バスケで後輩が脱臼なう」をツイートした大学院博士課程の田邉将之さん（@masa5150）にコンタクトしてみると、「忙しい時は自然とツイッターを開かない」、とやはり私が想像したとおりで、中毒にはほど遠い方でした。

「何気なく生活している時に『あ、これツイッターでつぶやこう』と思ったときは中毒だと思った」という客観的な視点を常に持っているからなのでしょう。さて、ツイッター中毒を自覚したらどうすればいいのでしょう？　その答えが本書の最後の項目です。

リアル世界を大切に

たった今「中毒に気を付けて」と書いておきながらおかしな言い方をしてしまいますが、ツイートの面白さは多少どっぷり浸かってみないと分からない、というのも事実です。

私も一時期は今よりずっと時間をかけていました。物書きの端《はし》くれとして、「現実で起こった面白い出来事をいかに140字でまとめるか」というのは、抗《あらが》いがたいチャレンジなのです。そのあたりが、津田大介さんが言うところの「書き手にとってはツイッターのツイートがライブ（音楽のライブとの比較）」なのでしょう。

そのどっぷり浸かる時期を通り過ぎて実感したのが、リアル世界の大切さです。リアル（現実生活）を充実させるという意味の「リア充」という言葉を学んだのもツイッターだというのが皮肉ですが。

私が中毒にならずに済んだのは、10年以上継続しているプライオリティ（個人的に大切にしている優先順位の高いもの）があったからだと思います。仕事の締め切りとか重要なイベントなどがあると順位は入れ替わりますが、通常は次のような優先順位です。

①食事の支度と家族一緒の食事
②家族との団らん
③仕事
④毎日のエクササイズ（主にジョギング）

⑤ボランティア／社会活動
⑥読書

家族のための食事の支度はもう強迫観念に近いもので、すっかり身体時計に組み込まれています。睡眠不足でよれよれでふらふらでも、夕食の支度をする時間になるとすべてを中断して支度を始めますから。

また、エクササイズのほうも、1日でも欠かすと調子が悪くなるので、「ツイッターかジョギングか？」という選択なら1秒も迷うことなくジョギングです。ツイッター中毒にならない理由は、これらへの執着心がツイッターよりも強いということなので、それはそれで病的なのかもしれません。

次はリアル世界を楽しむための対策です。

▼ツイッターよりも大切なプライオリティのリストを作る

頭の中に作るだけで実践可能な方はたぶんさほど中毒ではないので、中毒の方はチエックリストをちゃんと作り、チェックしてからでないとツイッターをしないようにしましょう。

▼起床してすぐにツイッターを始めない

私は超朝型人間なので毎朝3時半から4時の間に起床しますが、仕事をするために早く起きるので、すぐにはツイッターをチェックしません。まずEメールを片付け、その後、最も脳の活動を要する仕事にとりかかります。ブログを更新した後、午前6時くらいにそれを通知するためにツイッターする、というのがよくあるパターンです。

▼就寝前に翌日のプライオリティ・リストを作って、コンピューター／iPhoneの上に置く

起きてすぐにツイッターをやりそうになったときに、「そういえば、やることがあった」と思い出させてくれます。私はツイッターを始める以前から「今日やることリスト」は毎日作っています。物忘れが激しい年齢になると、この習慣は便利ですよ。

▼「この時間なら大丈夫」というときだけツイッターをする、あるいは決まった時間帯だけにする

とくに急ぐ用事もなく、これまでなら惰性《だせい》でテレビを眺めていたような時間だけツイッターを見るようにします。

他にやることがあるときや外出前、人と会っているときには、「Mention があるかどうかだけチェック」もしないことです。チェックすると、必ず吸い込まれますから。あるいは、仕事に使わない方は、ツイッターをするのは決まった時間帯だけにし、その時間帯のＴＬのお付き合いに限定してみるのも良いでしょう。

▼自分のツイッターを客観的に自己分析、評価する

「なぜツイッターをしているのか？」と自問するのと同時に、自分のツイッターの使い方を分析、評価してみると良いと思います。

ツイッターエリートたちも、一般人と同じように何気なくツイートしているように

見えます。ですが、実際はツイートの目的をはっきり自覚しており、限られた時間内で最も効果的な結果を出す方法を常に考えていることが分かります。気安く冗談を言っているようでも、パーソナルブランディングを常に心がけているのです。

また、一見ツイッター中毒者のように長時間ツイートを連発するのも、決して偶発的な行為ではありません。どういう言動がどんな結果をもたらすのか短期的・長期的視野で分析、評価し、方向修正することを彼らは忘れません。

だからこそ、どっぷりツイッターにはまっているようであっても、仕事に支障をきたすどころか、活躍の踏み台にできるのです。

ツイッターを始めた頃から観察していてその印象を受けるのが、前述の津田大介さん（@tsuda）、勝間和代さん（@kazuyo_k）、小飼弾さん（@dankogai）などです。彼らにはそれぞれにユニークなパーソナルブランドがあり、それがツイッターに表現されています。

普通の人には無駄口に見えるような軽いツイートも、実はパーソナルブランディングの一部なので決して無駄には使っていません。それぞれのツイートからは、自分のフォロワーたちが何を求めているのかを把握していることが窺《うかが》われます。ここがただの有名人ユーザーと、ツイッターエリートとの差です。

アルファブロガー／書評家／作家の小飼弾さんは、短期間に機関銃なみの連続ツイートをされます。彼のツイートには、次のように、博識を基盤にした（普通の人にはすぐはぴんとこない）ひねりの効いたユーモアが目立ちます。

アメ（リカ）と無知＾ @umeking: 昔の日本人のがむしゃらなモチベーションてどこから来てたんだろうね。

『ツイッターってダメだよな』＾ @gnue: 自分だけは例外だと思ってるんでしょうねぇ RT @yoichiro51: マスコミの中枢の人や評論家がマスコミはダメだって平然というのは何なんだろ。

YJ! 的にはPowerBookをSonyやIBMに作らせてたAppleな気分なのかも＾

@mediologic: Yahoo!とGoogleの話って、博報堂が電通に社員貸し出して常駐させ、売り上げをレブシェアするようなもんだね。

意識的な行動かどうかは分かりませんが、私は小飼さんが通常リツイートに選ぶ多くが一般のユーザーだというところに感心しました。ツイッターでの交流が日常生活で接する有名人たちとの交流に閉塞していないことを、行動で示しているわけです。また、バラエティのあるユーザーと題材を選んでいるので、彼の多才ぶりを印象づけることになり、ブログや著作への好奇心をかきたてます。

こうしたツイートが投稿される小飼さんのTLでは、次のような自己PRのツイートが時折り現れても、フォロワーたちはひとつの情報としてすんなりと受け入れます。その結果、自発的にブログを読み、本を購入する行動を取るのです。

404 Blog Not Found:「未来改造のススメ」、試し読みはこちら! http://htn.to/LH2RGu

時折り、挑発的なコメント付きのリツイートをしてネガティブな反応を喚起するところなども、マーケターとしての天賦《てんぷ》の才を感じさせます。私が知る限りでは、小飼さんは最も個性的で、かつ自己PRが得意なツイッター達人のひとりです。しかし、ツイッター中毒の一般人との決定的な差は、彼が24時間ツイッターをやりっぱなしではないことです。小飼さんを含め、ツイッターを使いこなしている方々の多くは短時間集中型です。

ツイッターのやりすぎを感じたら、自分のツイートを客観的に分析・評価してみてみてはいかがでしょう。

そのツイートは誰に対するものなのか、自分のブランディングにとってどんな役に立つのか、どんな影響を期待しているのか、その影響が実生活において何の役に立つのか……といったことです。すると、今の半分以下の時間で有効なツイートができるようになるかもしれません。

▼ツイッターをリアル生活の励みに使う

毎日体重をツイートしている人をご存知でしょうか？

私には想像するだけでおそろしいのですが、無線LANでのインターネット接続機能を備えた体脂肪計で体重を量ると、自動的に体重や体脂肪率のデータをツイートしてくれるというサービスがあるのです（WiFi Body Scale）。公開することで、体重管理の励みにするわけですね。また、ケンコーコムが始めた「kilokun diet（キロクンダイエット）」のように、体重管理をサポートするツイッターサービスもあります。

私は体重なんか絶対公表しませんが、ジョギングクラスタの方々とはよく走る話をします。それぞれに走る距離もスピードも異なりますが、競争する雰囲気はなく、「走るって、気持ちいいね」という共感で繋がっているので、コースの景色を見せ合ったり、言葉で表現したりして、お互いジョギングが継続できるよう励まし合っているのです。「走ってきます」だけでなく、「今日中に仕事を仕上げます」とか「頑張って掃除します」とツイートで公言すると達成の励みにもなります。

「Mentionが欲しくて嘘の生活までツイートする」というツイッター中毒者は、いっそ嘘をリアルに変えてしまえば良いのです。ジョギングだったら運動音痴でも大丈夫です。膝などに問題があって走れない人は水泳という手もあります。リアルを充実させれば、もっとツイッター仲間ができますよ。

▼お酒を飲まない休肝日のように、1日中まったくツイッターをしない休ツイッター日を作る

外出していると、1日まったくツイッターをしないことがよくあります。

そこで実感するのは、「私がつぶやかなくても世界は終わらない」ということ。また、以前には気付かなかったくだらないつぶやきが、実際にくだらなく見えます。開眼的な発見です。こういう日を、わざと作るようにしましょう。

▼ツイッターを1週間やめて、リアル生活を精一杯やってみる

ものすごく忙しいと、ツイッターをやる暇がないだけでなく、考える暇がなくなるので、自然とストップできます。昨年日本に帰国したときも、もしかしたらつぶやい

ていないかもしれません。それを覚えていないほど楽しむのに忙しかったに違いありません。

また、ツイートの数と時間帯から客観的に見て、自転車通勤族やジョギングクラスタの方々には中毒者が少ないような気がします。これも参考になるかもしれません。


最後になりましたが、「この人と知り合って、話を聴いてみたいなあ」と感じるのは、いろいろな体験をしてきた人、好奇心が旺盛な人、人生を楽しんでいる人、つまり、現実社会での日常生活が充実している人です。「充実」といっても、特にすごいことをする必要はありません。今日も、東京、大阪、ニューヨーク、ボストン、という異なる場所に住む、職業もまちまちな人々が「自分で育てたトマトは美味しい」という話題で盛り上がっていたところです。同じ人々が、別の日には、自らの体験に基づいた政治・経済の話もしています。

こういった会話を楽しむためにも、面白い本を読み、素晴らしい音楽を聴き、美味しい料理を作り、美しい風景を眺め、野菜を育て、異文化に触れ、有意義な活動をし、面白い仕事に取り組み、興味深い人に出会い、知識と専門性を深め、音楽を奏《かな》で、文章を創作し、絵を描き、泳ぎ、走り、跳び、子供と遊び、家族との団らんを楽しみ、伴侶と映画を観にゆき、たまには愚痴を言いたくなるような体験をし、それからツイッターで、ゆるく、自由に、そして有意義に繋がりましょう。

あとがき

２００６年３月にツイッターの生みの親ジャック・ドーシーが世界初のツイートを投稿してから４年後の２０１０年４月、ツイッターの登録ユーザー数は、約１億５０００万人に膨《ふく》らみました。

米国より遅れて流行し始めた日本ですが、利用者の増加にはめざましいものがあります。ネットレイティングスのNielsen Online Reporterによると、２０１０年４月のツイッター訪問数は９９０万人で、その前の月より24％も増加しています。インターネット利用人口に対するリーチ（サイト閲覧者の比率）も16％で、月間訪問者数ではミクシィをついに超えました。

これほど利用者数が増えているツイッターですが、「無意味なおしゃべり」と敬遠する人、誹謗中傷《ひぼうちゅうしょう》を恐れる人、インターネットに不慣れなので敷居が高いのではないかと懸念する人、など利用をためらっている人も多いのではないでしょうか。

利用者が増えてしまったから、かえって始めるのがおっくうになった人もいるかもしれません。２００９年1月に始めていなければ、私もそのひとりだったと思います。

ツイッターに関する本はすでに多く出版されています。有名人による入門書も沢山あります。

「それなのに、なぜ今ごろツイッター本を出版するのか？」

そんな疑問を抱く方は多いと思います。

それは、本書が他のツイッター入門書とは異なる視点で書かれたものだからです。

私にはバードウォッチングならぬ「ピープルウォッチング」という趣味があります。

20代の頃から世界各地を旅してきましたが、どの国に行っても、カフェや道ばたに座って通り過ぎる人々を眺めながら、職業、趣味、性格、人間関係、などあれこれ想像します。

米国ボストン在住の現在ではなかなか訪問できませんが、東京渋谷の交差点も大好きなスポットです。通り過ぎてゆく人々は単なる風景の一部に過ぎませんが、それぞれにユニークな人生があるはずです。それらの人が出会い、相互作用する状況を想像してみるのも面白いものです。

ツイッターの世界で私が目撃するのは、渋谷の交差点で、無言ですれ違ってゆく人々が、突然あちこちで巡り会い、語り合うような、不思議な光景です。そこには「渋谷なう」では終わらない有意義な交流がありますし、ストレスが溜まる口喧嘩もあります。

おしゃべりを楽しみつつも「ピープルウォッチャー」のやや醒《さ》めた目で観察する癖《くせ》がある私は、これまでの「ツイッター本」が触れていないことに気付くようになりました。そんなことは誰でも気付いているのかと思ったのですが、それらについてツイートすると、「なるほど」「そう言われてみるとそうだ」「気が楽になった」という多くの反応があります。それゆえ、このような本を書く価値があると思ったのです。

ベテランユーザーたちですらあまり自覚していないのは、「ツイッターはコミュニケーションのツール（手段）」という単純な事実です。それ以上でも、それ以下でもありません。

感情、意思、情報などを伝え合うためにあるコミュニケーションは、素晴らしいけれども、面倒なものです。きちんとすれば仕事に有利になるし、失敗すると不利になります。人を幸福にすることもできますし、心をズタズタに傷つけることもできます。

ツイッターも同じなのです。実際に会って顔を見て話さないので普段の付き合いとはまったく異なると考えている人がいますが、コミュニケーションのルールは同じです。その最低限のルールさえ心得ておけば、気楽に見知らぬ人と出会えますし、実生活に役立つ出会いもあります。

また、ツイッターは、リアルな人生に取って替わるようなものではなく、実生活を補完するものです。本書のために、世界のトップランキングのツイッターユーザーたち（米国人）を取材しましたが、彼らも私と同意見でした。

つまり、普段の生活で「感情、意思、情報などを伝え合う」コミュニケーションをきちんと取っている人であれば、ツイッターは難しいものでもありませんし、無意味なものでもありません。ただし、それを分かっている人が少ないのが現状です。

２０１０年7月15日の朝日新聞のオンライン記事に、精神科医の香山リカさんのこんなツイッター批判が載っていました。

数が多い人が勝っているという思いこみに基づく競争は、まさに市場原理。こんなところまで新自由主義的な論理がまかり通っているかと思うと、うんざりです。有名人にとっては宣伝の道具なのに、普通の人たちに、有名人とコミュニケーションできたかのような幻想や錯覚を抱かせているだけ

同じく精神科医の斎藤環さんも、

ブログは市井の人の潜在的な才能を知らせる効果があったけれど、ツイッターで注目されるのは著名人。内容のよしあしでなく名前優先で読む人が多い

> のは、反動的ですらある

と批判されています。この記事だけから判断すると、ツイッターは相当軽薄なSNSのようです。

けれども、ツイッターには、このお二人が知らない、もっと深くて素晴らしい世界が存在すると私は感じています。外から覗《のぞ》き込んだだけ、あるいは、ほんの少しだけ体験しただけで「ツイッターはこうだ」と決めつけてしまうのはとても残念なことです。

お二人が疑問に思っていらっしゃる「ツイッター利用者がフォロワー数にこだわり、それが多いほど価値があるとみなす風潮」は私も由々《ゆゆ》しく（かつ苦々しく）思っています。それゆえに、本書では「迷信と真実」としてじっくり批判的に論じてみました。

けれども、文中でも触れましたように、フォロワー数の迷信に気付き、かえってフォロワー数が多いユーザーを避ける人も沢山いるのです。私が普段交流しているユーザーの多くは、フォロワーの「量より質」を重んじる方々です。

また、「有名人とコミュニケーションできたかのような幻想や錯覚」や「ツイッターで注目されるのは著名人」という断定にも賛成しかねます。

たしかに、有名人だというだけでフォローする方々もいますし、魅力のないツイートばかりの有名人もいます。けれども、それはツイッター以外のメディアや現実社会（リアル社会）でも同じではないでしょうか。

普段の人間関係と同様に、自分をきっちりと出して誠実に対応すれば、ツイッターでは、普通の生活では決して出会うことのない素晴らしい人と出会えます。また、ネット上の関係を、現実社会（リアル社会）での人間関係へと発展させることもできます。どの程度のコミュニケーションに育ててゆくのかは、まさに使う人次第なのです。

香山さんが言われるように、ツイッターが「飯食ったとか、新幹線乗ったとか」たわいない独白《どくはく》が飛び交うものだと思い込んでいる方は多いと思いますが、私が交流しているユーザーの中で、そういったことばかり書き続ける人は、まずいません。これは、テレビや映画に出演する有名人がいつもグラビア写真のような完璧なスタイルで生活しているに違いない、という一般人の思い込みに似ているかもしれません。

文中でもご紹介したエピソードですが、本書が誕生したきっかけは、私が伊藤大地さん（@daichi）と交わしたツイートでした。半ば冗談めいた調子でこれまでとは異なる観点のツイッター電子書籍を提案したところ、それをご覧になった朝日出版社の赤井茂樹さんが、「私どもでぜひ！」と、コメントつきのリツイートをしてくださったのです。

赤井さんは、これに先立って私が書いたブログ記事「iPadとKindleを直接比較するのは間違っている（iPad体験記）」をお読みくださっていたようで、この記事が実際上の発端でした。しかし、このブログ記事を2日間で3千人以上の方に読んでいただけたのは、ツイッターで話題になったからです。ツイッターなくして、このブログ記事が赤井さんの目に留まることはなかったのです。

斎藤環さんは、「ブログは市井の人の潜在的な才能を知らせる効果があったけれど、ツイッターで注目されるのは著名人」と言っておられますが、「市井の人」である私にチャンスをもたらしてくれたのは、ツイッターだったのです。

また、ツイッターは想像もできないような出会いももたらしてくれます。ある日私が米国の伝説的バンド「グレートフル・デッド」のことをツイートしていたら、糸井重里さんがこのバンドのことをツイートしておられると田中宏和さんが教えてくれました。その日まったく誰のTLも読んでいなかったので私が見逃していたことを、共通のフォロワーである田中さんが教えてくださったわけです。

軽い気持ちで糸井さんにコメント付きのリツイートをしたのがきっかけで、2010年7月末に夫の著作“Marketing Lessons from the Grateful Dead”が刊行されたときに、それをお送りすることになりました。このいきさつを語る糸井さんの「ほぼ日刊イトイ新聞」の「今日のダーリン」で私が自分の名前を目にしたときには、あまりにもシュールリアルでかえって実感が湧かなかったくらいです。

香山さんや斎藤さんは有名人や著名人のツイッター利用に懐疑的ですが、私の観察では、一生懸命自分の声で対応しようとしている方のほうが多いように感じます。有名人の発言のあら探しをしてやり込めようとするのはかえって「市井《しせい》の人」に多く、誠実に対応しようとして傷ついているのはかえって有名人や著名人のほうかもしれません。有名人の意外な人間性に惹《ひ》かれて新たなファンが増えるという副産物もあるようですが。

何よりも私が反論したいのは、ツイッターが「クリエイティブではない」という点です。私のように、先端技術を使いこなせないローテクな人間ですら、毎日のように、まだ試みていない使い方（ツイッターの新たな活用法）を思いつくのです。

私がツイッターを使ってやってみたいことのひとつは、「読書をふたたび流行させる」ことです。

「洋書ファンクラブ」というブログで洋書の書評を書いているのですが、そこでは活気あるディスカッションをすることができません。そこである日、作品に対する直接的な好き嫌いをテーマに、ディスカッションを展開してみました。

私にいただいたリプライをリツイートすることで、私のＴＬ（タイムライン）を読めば全員の意見が読めるようにしたところ、それらに対する意見も沢山押し寄せ、活気あるディスカッションになりました。

作家ではなく作品への意見や感想に絞ったので、作家の人格攻撃にはならない範囲で自由な話し合いを楽しんでいただけたようです。

もちろん、深い文芸論にはなりません。けれども、「読書って面白いなあ」「ディスカッションに加われるように読書を始めよう」と思った方は少なくないと思います。こういうモチベーションをどんどん広めてゆきたいと思っているのです。

そしてもうひとつは、日常生活で閉塞感《へいそくかん》、不安、焦燥感《しょうそうかん》を抱いている人たちに、「生きるって、けっこう楽しいことだな」という発想の転換をしていただくことです。

児童の虐待死事件に刺激されたのか、母親に責任のすべてを押し付けるようなツイートとブログをよく見かけるようになりました。

そこで、それでなくても追いつめられているお母さんたちを応援するために、育児の大変さを語る2つのブログをご紹介しました。ひとつは思わず吹き出すようなユーモアたっぷりのもので（今はブログは閉鎖されています）、もうひとつは胸をしめつけられるような孤独と不安を綴ったものです（http://anond.hatelabo.jp/20091022224817）。

引き続いて、私自身の体験をツイートし、私の元に寄せられた感想や体験談もどんどんリツイートしていったところ、子育て中の方からは「漠然とした不安や倦怠感《けんたいかん》や悲しみは自分だけじゃないんだと、大分ホッとする事ができました」、男性からは「早く家に帰って、妻と話をしよう」「負担を嫁さんにだけに押し付けるのはなしにして、助け合える家庭を築きたいものです」といったリプライをいただきました。

「そんなことで、何が変わるのか？　ただの自己満足じゃないか」と言う方もいらっしゃるでしょう。そうかもしれません。

けれども、ほんの数人でも「ホッ」とすることができ、「今、ちょうど悩んでいたところなので、嬉しかった」と思う人がいて、早めに帰宅して奥さんと話をしてくれる方がいれば、それは私にとって大きな達成です。

現実社会での人間関係のように、ツイッターでも嫌なことは起きます。発言を誤解されたり、陰口を言われたり。何度体験しても、嬉しいものではありません。けれども、それを差し引いてもツイッターで得たもののほうが大きいというのが私の実感です。本書では、そういった嫌な体験をなるべく軽減できるようなアイディアも提言させていただきました。

現実社会でも、偶然の出会いがとても重要な人間関係に発展することがあります。その偶然の出会いの機会が限局されないのがツイッターの素晴らしさだと私は思っています。

この本を読者のみなさんに読んでいただくという素晴らしい出会いのきっかけを作ってくださり、ひとつひとつのステップで親切に指導してくださった朝日出版社第二編集部の赤井茂樹さんには、いくら感謝してもし足りないと思っています。同様にツイッターでの出会いの素晴らしさを実感させてくださった、糸井重里さんと、そのきっかけを与えてくださった田中宏和さんに感謝したいと思います。

また、「ツイッターなんて……」と尻込みする私の背中を最初に押してくれた夫のDavid Meerman Scottと、呆《あき》れながらも母のツイッターのネタになることを許容してくれている娘のAllisonにも、この場を借りて感謝したいと思います。

今年試験的に始めた洋書の読書プログラムのひかるさん、みーちゃん、もえさんには、大人と接することでは得られない、新鮮なコミュニケーションのエネルギーをいただいています。いつも忙しくて物忘れが激しい先生に寛容でいてくれて、感謝しています。また、パイロットプログラムを通じて多くのことを教えてくれた、祥太郎さん、椋太さん、香保さん、洋書ファンクラブのブログラムで数々のアイディアを与えてくださる読者の方々にもお礼を申し上げます。


私は、ツイッターについて考えることで、現実社会でのコミュニケーションや人間関係についても思いを巡らせるようになりました。そして気付いたのは、コミュニケーションについての今の私の信念の基盤になっているのが、過去の人間関係だということです。

学生時代、私に文章を書く才能があると信じて応援し続けてくれた、親友の山本浩さん、そして、15年前子育てをしながらできる仕事を探している私に、連載と翻訳の仕事を与えてくれた医学書院の林田秀治さんには、言い尽くせないほどの感謝の念を抱いています。未熟な私の問いかけにも、常に真摯《しんし》にお答えくださるノンフィクション作家の最相葉月《さいしょうはづき》さんにも、この場を借りてお礼を申し上げたいと思います。

また、過去のコミュニケーションの失敗から学んだことも多いです。

学生時代に親友であったにもかかわらず、私の精神的未熟さのせいで貴重な友情を現在まで維持することができなかった多くの友、ことに樋口くん、三尾くん（当時の感覚のままなので「くん」づけをご容赦ください）にも、この場を借りてお詫びとお礼を言わせてください。このような後悔があったからこそ、今の人間関係を大切にしたいと思うようになりました。

最後になりましたが、本書を執筆するうえで取材にご協力くださいました次の方々に心から感謝いたします。文中で例文を引用させていただいた方にもお礼を申し上げます（ご本人の希望に合わせ、本名、ユーザー名、通称の場合があります）。

Chris Broganさん（@chrisbrogan）、Dan Schawbelさん（@DanSchawbel）、Rebecca

Corlissさん（@repcor）、Dharmesh Shahさん（@dharmesh）、菅谷明子さん（@AkikoSugaya）、浅田一憲さん（@asada0）、大原ケイさん（@Lingualina）、角モナさん（@monasumi）、ゆうなパパさん（@ynpapa）、天野由華さん（@flyingLarus）、Françoise Iwakiさん（@francoiseiwaki）、本橋ゆうこさん（@kuromog）、丸山高弘さん（@maruyama3）、松本孝行さん（@outroad）、田邉将之さん（@masa5150）、@lakersmaniaさん、@yoh7686さん、@tt_p10さん、@ATborderlessさん、ピアレスゆかりさん（@YukariP）、藤井あやさん（@ayafujii）、鴨澤眞夫さん（@kamosawa）、伊藤由貴さん（@electricalPeach）、平原由美さん（@YHirahara）、久保勇二さん（@Jv_forrestal）、神原弥奈子さん（@minako）、後藤隆昭さん（@ryu_）、マユ・マカラさん（@mayutini）、松下康之さん（@yasuyukima）、仲俣暁生さん（@solar1964）、小竹由美子さん、シャーリー仲村知子さん（@nekotanu）、筑紫心保さん、清水晶子さん、林さかなさん、@_kajiさん、@kohiroooさん、@poisonpillさん、@kum_iさん、@yomoyomoさん、@liliumさん、@yasumi_さん、@yuki_takauchiさん、@pine_No23さん、@saitou_dcさん、@erie_crocさん、@tuk3tuk3さん、@shihosfさん、

@beni_rinngoさん、@wakayanagiさん、@yukino_joさん、がびさん、@michiko_xxxさん、@umekingさん、@gnueさん、@yoichiro51さん、@mediologicさん

ツイッターを通して、あるいはツイッターを離れた場で、ツイッターとは何であるかを考えさせてくださった方々に、お礼を申し上げたいと思います。ツイッターという、誰もが対等に語り合えるＳＮＳゆえに、あえて肩書きを省かせていただきました。

伊藤大地さん（@daichi）、Brian Halliganさん（@bhalligan）、いしたにまさきさん（@masakiishitani）、平田大治さん（@hirata）、小飼弾さん（@dankogai）、津田大介さん（@tsuda）、勝間和代さん（@kazuyo_k）、柳瀬博一さん（@yanabo）、竹内靖朗さん（@takeuch）、干場弓子さん（@hoshibay）、篠田真貴子さん（@hoshina_shinoda）、小池花恵さん(@hanahanahanauta)、岩崎清華さん（@SayakaIwasaki）、渡辺弘美さん（@hiroyoshi）、Misako Yokeさん（@misakouroco）、高島利行さん（@takashimt）、細田満和子さん（@miwhosoda）、渡邊哲子さん(@SatokoWatanabe)、三浦真弓さん(@mayumiura)、中村佐知さん(@mmesachi)、@TrinityNYCさん、@makiukさん、@

mikanzouさん、@tinouyeさん、@ayiganayさん、@spiceupmydayさん、@masakawazoeさん、@y_ytさん、@harumaki_rさん、@HidetoyoNakanoさん、@nicoristaさん、@satokoさん、@MaricaYMさん、@akitaarekoreさん、@big_sis_rieさん、@imasa_aruminさん、@lisboacafeさん、@tnomnomさん、@cayotさん、@wakegiorinoさん、@akisato_さん、@satosixさん、@t_tomokoさん、@atoutitさん、@voicingantsさん、@greytweedさん、@Ginzi_ITさん、@ohkubo1974さん、@hari_nezuさん、@ichirochanさん、@unpianistiqueさん、@lichfieldgardenさん、@RieWatanabeさん、@uskdhさん、@yoji_tさん、@ikhrnetさん、@wa_kaoさん、@ss_meowさん、@universe1117さん、@takumionoさん、@tkwnさん、@masaeshimuraさん、@moni_aさん、@dai_jiroさん、@hsacoさん、@kenichin625さん、@tittonさん、@mariamammaさん、@LLikappyさん、@harapekoaomusiさん、@hina_shellaさん、@t_hiraiさん、@nyagaiさん、@tamatama2さん、@boxerconanさん、@ayakobingさん、@tachiiriさん、@wmsさん、@mika1379さん、@kzhirataさん、@franc_papaさん、@mean_valueさん、@hyukiさん、@thosoiさん、@mamakumiさん、@tsukamoto_ya2さん、@kyontataさん、@youyeshangmeiさん、@kumiabさん、@fatstreetさん、@bookclubkaiさん、

@YsmMriさん

その他にも、毎日、ツイッターでの触れ合いを通じて数えきれないほど多くの方から学ばせていただいています。４０００人以上のユーザーをフォローさせていただいているので、この数日間お見かけしていないために、うっかり書き落としてしまった大切な方が沢山いるに違いありません。

また、最近になって知り合ったためにここから漏れている方や書いたつもりで見逃してしまった方、取材にご協力をいただいておきながら、リストから漏らしてしまった方はご容赦いただきたいと思います。気付いた時点で、ブログ上のリスト（http://watanabeyukari.weblogs.jp/blog/acknowledgment.html）に加えさせていただきます。

今後とも実り多きお付き合いをお願いいたします。

２０１０年8月

渡辺由佳里

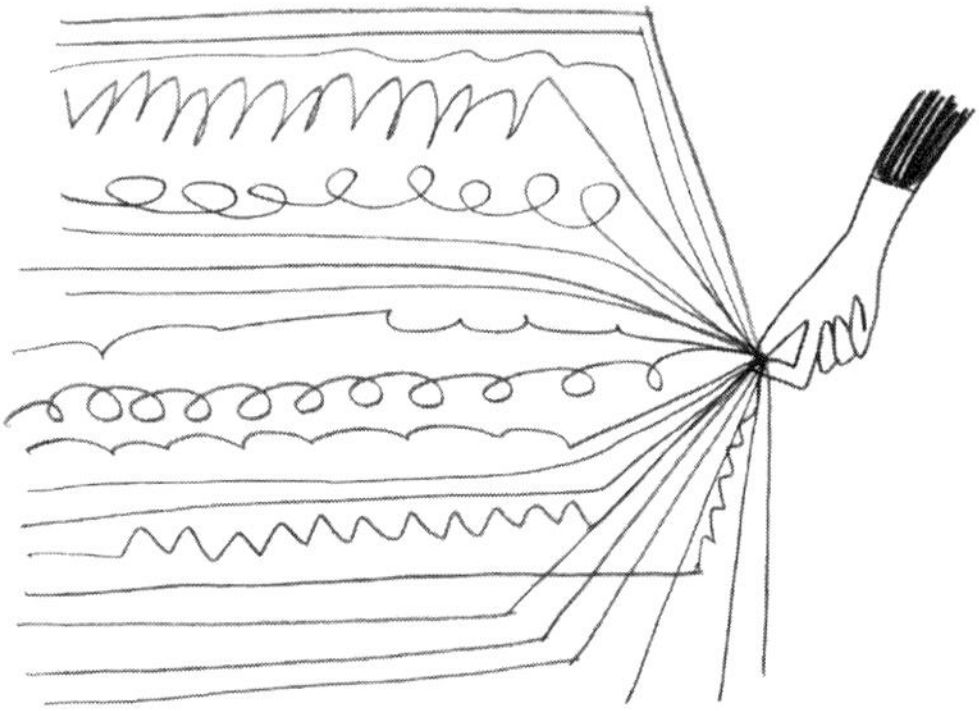

参考文献

1章

▶ ツイッターについての統計
"Twitter Reveals 11 New Facts on its Traffic and Usage", *jeffbullas.com*, April 16, 2010.
http://www.jeffbullas.com/2010/04/16/twitter-reveals-11-new-facts-on-its-traffic-and-usage/

3章

▶ ツイッター誕生のドキュメント
"Twitter Creator Jack Dorsey Illuminates the Site's Founding Document: Part I", *Los Angels Times*, February 18, 2009.
http://latimesblogs.latimes.com/technology/2009/02/twitter-creator.html

▶ 世界で最初のツイート
http://twitter.com/jack/status/20

▶ ツイッターの歴史
"A Brief History of Twitter", *GigaOM*, February 1, 2009.
http://gigaom.com/2009/02/01/a-brief-history-of-twitter/

"Twitter", *Wikipedia*.
http://en.wikipedia.org/wiki/Twitter
▶ツイッターが世界的に注目されたきっかけ
"Twitter Wins SXSW Web Award", *Laughing Squid*, March 11, 2007.
http://laughingsquid.com/twitter-wins-sxsw-web-award/
"We Won!", *Twitter Blog*, March 14, 2007.
http://blog.twitter.com/2007/03/we-won.html
▶ハブスポット社のツイッター・グレーダー
"Twitter Elite", *Twitter Grader*.
http://twitter.grader.com/top/users/
▶最も影響力があるツイッターユーザー
"Twitter's Most Influential Users [INFOGRAPHIC]", *Mashable*, May 24, 2010.
http://mashable.com/2010/05/24/twitters-influential-users/
▶ハブスポット社はボストンで一番働きたい会社
"Boston Business Journal Names @HubSpot the #1 Best Place to Work", *HubSpot Company & Product News Blog*, June 11, 2010.
http://www.hubspot.com/blog/bid/6082/Boston-Business-Journal-Names-HubSpot-the-1-Best-Place-to-Work
▶ツイッターをクリエイティブに活用したアマンダ・パーマー
"Amanda Palmer Got Stuck in Iceland", *The Reykjavík Grapevine*, April 16, 2010.
http://www.grapevine.is/Home/ReadArticle/Amanda-palmer-stuck-in-iceland
"My Stranded-in-Iceland Adventure", *Amanda Palmer's Blog*, April 15, 2010.
http://blog.amandapalmer.net/post/524788988/my-stranded-in-iceland-adventure-by-amandafucking
▶「フォロワー数の多さは、必ずしも影響力の大きさを意味しない」
Meeyoung Cha et al., "Measuring User Influence in Twitter: The Million Follower Fallacy", Max Planck Institute for Software Systems, 2010.

4章

▶ソーシャルメディアとネットマーケティング

Chris Brogan, *Social Media 101: Tactics and Tips to Develop Your Business Online*, Wiley, 2010.

David Meerman Scott, *The New Rules of Marketing and PR*, 2nd ed., Wiley, 2010.

（邦訳『マーケティングとPRの実践ネット戦略』日経BP社、2009年）

▶クリス・ブロガンによるツイッター活用のコツ

"50 Power Twitter Tips", *chrisbrogan.com*, June 16, 2010.

http://www.chrisbrogan.com/50-power-twitter-tips/

▶ツイッター上の助け合いをめぐる応酬

http://togetter.com/li/24552

5章

▶ツイッター疲れについて

「じわじわと"ツイッター疲れ"が蔓延中!?」（ZakSPA!、2010年7月13日）

http://www.zakzak.co.jp/zakspa/news/20100713/zsp1007131115000-n1.htm

▶ブロックされた場合の対処法

http://questionbox.jp.msn.com/qa5803393.html

▶相手が嫌がっているのに嫌がらせをリプライし続ける例

http://togetter.com/li/13511

▶ネットの匿名性と誹謗中傷について

「ネットの誹謗中傷問題（後編）：『匿名性』に対する韓国、米国、日本の取り組み」（ITpro、2007年5月10日）

http://itpro.nikkeibp.co.jp/article/COLUMN/20070508/270206/

「インターネットと匿名性」（総務省情報通信政策研究所、2008年3月）

http://www.soumu.go.jp/iicp/chousakenkyu/data/research/survey/telecom/2008/2008-1-01.pdf

▶ドラマ「素直になれなくて」に関するツイッター炎上事件のいきさつ

http://matsutama.naganoblog.jp/e448442.html

http://togetter.com/li/14518

http://toyolina.tumblr.com/post/523531659/futureisfailed-igi-

unclejam-yaruo
「北川悦吏子ツイッター発言で炎上　『使えるくらいでエラいと思うな』」
(J-CASTニュース、2010年4月16日)
http://news.livedoor.com/article/detail/4722661/
▶有名人にとってのツイッター
「世間なんて相手にせずに、『ガラパゴス』でもいいじゃない？」(小田嶋隆氏と岡康道氏との対談、日経ビジネスオンライン、2010年8月30日)
http://business.nikkeibp.co.jp/article/life/20100809/215752/
▶ツイッター中毒について
"Announcing a Child's Death on Twitter", *New York Times*, December 17, 2009.
http://parenting.blogs.nytimes.com/2009/12/17/tweeting-about-a-childs-death/
"Mom Shellie Ross' Tweet about Son's Death Sparks Debate over Use of Twitter During Tragedy", *ABC News*, December 16, 2009.
http://abcnews.go.com/Technology/shellie-ross-twitter-mom-tweets-son-death-pool/story?id=9353490
「あるTwitter中毒者の心的変化」
http://urarara.blogspot.com/2009/01/twitter.html
▶「書き手にとってはツイッターのツイートがライブになる」
http://twitter.com/tsuda/status/15972537904
▶体重をツイートするサービス
「公開なら痩せる？ 体重をTwitterにつぶやくダイエット」(web R25、2010年2月12日)
http://r25.yahoo.co.jp/fushigi/wxr_detail/?id=20100212-00001368-r25&vos=nr25
「ケンコーコムのkilokun diet (キロクンダイエット)」
http://diet.kilokun.com/
「ケンコーコム、Twitterを使用した、気軽な体重管理サービスを開始」(ニューズ・ツー・ユー・ネット、2010年4月7日)
http://www.news2u.net/releases/67387

上記ウェブサイト上の文章は、一定時間後読めなくなる場合があります。

著者略歴

渡辺由佳里（わたなべ・ゆかり）

兵庫県生まれ。京都大学医療技術短期大学部卒、同大学部専攻科修了。卒業後、助産婦として京都大学医学部付属病院に勤務。その後、英国で英語教師養成学校のコースを最優秀で修了するも英語教師の職が見つからず日本語学校に勤務。広告業、外資系医療品製造会社など、さまざまな職業を経験。2001年に「ノー ティアーズ」で小説新潮長篇新人賞を受賞（同年新潮社より単行本刊行）。翌年『神たちの誤算』（新潮社）を刊行。短篇、現代詩、エッセイなどを発表。訳書に『妄想に取り憑かれる人々』（日経BP社）、『看護診断にもとづく在宅看護ケアプラン』（医学書院）などがある。英国、香港、スイスに滞在経験があり、1995年より米国移住。地元マサチューセッツ州の公立学校でのボランティア、町の各種委員会の会員、人権に関する市民グループLexington CommUNITYの運営委員、ブログ管理人などを務める。自身のブログ「洋書ファンクラブ」にて洋書を中心としたレビュー、「洋書ニュース」で業界、文芸賞、電子書籍リーダーなどの情報提供、「洋書ファンクラブ ジュニア」で日本に住む子供向けの読書教育プログラム、そのほか書籍関係のマーケティングなどを行っている。最近の寄稿／執筆／連載に『今日から英語でTwitter—つぶやき英語表現ハンドブック』（寄稿、語研）、「多聴多読マガジン」（コスモピア）、『月刊アルコムワールド』（アルクネットワークス）などがある。

洋書ファンクラブ
http://watanabeyukari.weblogs.jp/yousho/

洋書ニュース
http://watanabeyukari.weblogs.jp/youshonews/

洋書ファンクラブ ジュニア
http://watanabeyukari.weblogs.jp/youshojr/

ツイッターアカウント
@YukariWatanabe

ゆるく、自由に、そして有意義に

ストレスフリー・ツイッター術

2010年10月25日　初版第1刷発行

著者　渡辺由佳里
イラスト　長崎訓子
造本・装幀　吉野 愛
DTP制作　越海辰夫
編集担当　赤井茂樹、綾女欣伸（朝日出版社第二編集部）

発行者　原 雅久
発行所　株式会社 朝日出版社
〒101-0065 東京都千代田区西神田3-3-5
電話 03-3263-3321／ファックス 03-5226-9599
http://www.asahipress.com/

印刷・製本　大日本印刷株式会社

ISBN978-4-255-00553-9 C0095